心理学通识

摆 渡 人，永 远 都 是 自 己

美国麻省理工学院　　教育部长江学者　　《最强大脑》
脑与认知科学系博士　　特 聘 教 授　　科学总顾问

刘 嘉 著

GENERAL
PSYCHOLOGY

SPM 南方出版传媒　广东人民出版社

俞敏洪

于　丹

孟　非

罗振宇

作序推荐

推荐语 INTRODUCTION

俞敏洪
新东方教育集团有限公司董事长

人生在世，
没有什么比理解自己和别人更加重要

刘嘉对心理学的研究很深入，但他对心理学知识的传播很浅出，所有人都能够看懂。

他擅长把理论和生动的案例结合起来，让人在充满趣味的阅读中不知不觉对自己理解得更深入。

人生在世，没有什么比理解自己和别人更加重要，因为那是幸福的根源。

你手头拿到的这本书，通过系统全面的讲述，让我们认识自己，掌控自己，超越自己，找到自己的使命，实现自己的价值。

读完此书，你必将更好地成长！

于丹
著名文化学者、北京师范大学教授

这本书的读者，
应该是愿意审视自我、愿意改变自我的人

我并不打算向所有人推荐这本书，因为这本书的读者应该是愿意审视自我和愿意改变自我的人。

书中有一个小标题叫作"以富裕的心理资本对抗贫穷的物质资本"，还有一个小标题叫作"用专念来战胜焦虑"。显然，"对抗"和"战胜"都需要意志力和勇气。

如果遇见这本书的读者恰好是这样一位勇敢、真诚而且富于行动力的人，那么恭喜你，你找对了书。

我喜欢作者这样描述心理学通识的功能："通过科学，我们获得了自由；而通过心理学，我们将获得幸福。"

Introduction
推荐语

孟非
著名主持人

这是每个愿意向内探索、思考人性与幸福的人最应该读的书

我当了这么多年主持人，也算是"阅人无数"，但我不敢说自己看人一看一个准儿，因为这世上最难懂的就是人心。

比如刘嘉老师在书里讲到的：面对同一个女孩，为什么男孩站在危险的铁索桥上比站在平稳的石桥上更容易对女孩心动？人究竟是因为开心所以微笑，还是因为微笑所以开心？生活中有太多事看似本应如此，实则蕴含着深层的规则与逻辑。

在这本书中，我们试着审视另一个陌生的自己——一个充满欲望、追求快乐但不被接纳的"我"；开始思考"心理的当下"与"物理的现在"的内在联系；了解到衰老只是一个被灌输的概念。这个时候，"我们才能真正地掌控思维，

看到在理所当然的规范之外的另外一种可能,以及另外一种存在模式"。

这是一本与众不同的心理学书,不能说这是读者最想读的书,但一定是每个愿意向内探索、思考人性与幸福的人最应该读的书。

推荐序 INTRODUCTION

罗振宇
得到 APP 创始人、《罗辑思维》主讲人

一起来玩一场"密室逃脱"?

你第一次对心理学感兴趣,是为什么?

我自己,是以为学了心理学就可以知道别人是怎么想的。

那个时候岁数小,对复杂的人际关系充满了好奇,对"会看人""看透人"这类本事充满了魔法般的期待。

后来岁数大了才明白:别人是怎么想的,其实一点也不难懂。"将心比心"四个字,就足以知人论世了;"己所不欲,勿施于人"八个字,就足以闯荡江湖了。

反倒是岁数越大就越不明白:我自己到底是怎么想的呢?

在刘嘉老师的这本书里,你会看到,自己当下的想法,有可能是对某种隐藏欲望的"压制";有可能是对真正想干的事的"取代";有可能是物极必反的"反向形成";也有可

能是把对自己的厌恶"投射"到了别人身上；甚至有可能，我此刻的想法不过是对某种失败的"合理化"。

总之，我们在点赞、欢呼、吐槽、犹疑、倾慕、怒喝的时候，无论在表达什么样的"想法"，也无论表达得有多真诚，它都未必是我们真实的想法。冰山脚下还是冰山，深渊底部仍有深渊，"你以为你以为的就是你以为的吗？"

你看，我们真正迷路的地方，就是那个天天挂在嘴边的"我"。

有人告诉我们：按自己的想法活，天高地广；有人告诉我们：改变自己的想法，就能改变人生。可是，"自己的想法"是什么呢？这个情境，是不是有点像"密室逃脱"游戏？出口和钥匙分明就在此地，但是触目所及，全是假象的丛林。

感谢刘嘉老师写的这本书。

他是学院派的心理学家。但是在这本书里，你看到的不是概念和逻辑的堆砌，而是只看到一个人，在这个"密室逃脱"游戏中，走在你的旁边。

你在探索自我的秘境，而他指点给你看——前人立好但是被风沙掩埋了的路标，以及转过这道弯之后可能看到的风景。

Introduction
推荐序

三年前，我们有幸请到刘嘉老师来得到APP讲一门《心理学基础30讲》的课，算是这本书的雏形吧。当时，我们就聊到了中国外科医学的泰斗裘法祖留下的一句话——医生做的事，就是"背病人过河"。这也是得到APP制作任何一门课程的底层心法。

"背病人过河"，短短五个字里面，其实有很多层意思。

首先，病人要过河，是要完成他自己的生命目标。而医生作为拥有知识的人，我只是在帮他、成就他。医生本人在这个过程中，别无所求。

其次，病人一旦到了我的背上，面对滔滔河水，我和他同样面临风险。此时，我们是命运共同体。

还有，病人要过河，不仅恐惧脚下的河水，还恐惧命运被操于人手的被动处境。所以，医生的职责不仅在于治病，还要不断安抚肩上恐惧的病人。

背人过河——这才是现实世界中，知识分子和他服务的公众之间的真实关系。

在刘嘉老师的这本书里，你也能感知到那个背着你的肩膀的力量。

谨为序。

作者序 PREFACE

无用之学，方为大学

2019年，本本教育科技公司根据《高三志愿填报测评系统》中近80万高考学生的大学志愿填报数据，发布了《00后高考志愿兴趣报告》。与60后、70后的"学好数理化，走遍天下都不怕"的理工类选择，以及80后、90后的"谈股论金，经邦济世"的经济金融类取向不同的是，00后最感兴趣的专业是心理学。

在大学招生咨询台前，满脸困惑、焦虑的家长都在问我同一个问题："心理学到底有啥用？孩子学完了到社会上能找到工作吗？"

我不由得想起30年前我上大学时，北京大学心理学系招生简章对心理学专业就业前景的介绍：(1)在科研院校从事教学科研工作；(2)在精神病院从事心理咨询工作；(3)在特殊教育学校帮助患有智力低下、自闭症等疾病的特殊儿童。的确，从就业情况来看，心理学的用处有限，属于"无用之学"。

在人类文明史上，还有一门学问曾经也是"无用之学"，那就是"科学"。

亚里士多德把知识分为三类：
第一类是经验，会做但不知道为什么这么做是对的；
第二类是知其然又知其所以然的技术，它来源于经验，是通过对经验的总结和归纳所形成的一般化理论；
第三类是没有用的、自己为自己而存在的知识。
亚里士多德将第三类知识称为科学。

世界上所有的文明都发展出了第一类和第二类知识，因为它们有用；而无用的知识只在古希腊文明中产生，而后被西欧各国所继承。

虽然牛顿、伽利略、哥白尼等众多科学家群星闪耀，但是科学一直都不是生产力，只是无用之学。直到进入19世纪，科学与技术相结合，引发了技术大革命——从蒸汽时代到电力时代，再到自动化时代，最后到现在的智能时代，科

学开始引领人类文明的发展。"无用之学，方为大学。"

为什么古希腊人要发展"既不提供快乐，也不以满足必需为目的"，而是"为知识自身而求取知识"的科学呢？（《形而上学》，亚里士多德）

显然古希腊人并没有意识到在几千年之后，科学会如此大放异彩，会变得如此"有用"。他们只是意识到人类在出生的时候与动物有极大的不同：动物的胎儿在生下来时，就基本上拥有了成年体的所有秉性和能力——站立、奔跑、觅食等；而婴儿在生下时，则基本上不具备人类的基本特征——直立行走、语言等。

柏拉图说，知识是人内在所固有的，只是我们忘记了，所以学习不过是把内在固有的东西回忆起来而已。苏格拉底更是把他的启发式教学称为"产婆术"，为知识"接生"。由此，古希腊诞生了以演绎推理为基本逻辑的科学，在本质上区别于产生第一类和第二类知识的归纳推理。

如果说科学的诞生来自对人类起点的洞察，而心理学则来自对人类终点的思考：死亡。人是唯一有死亡意识的动物。大多数动物对死亡是没有认知的，它们只有趋利避害的本能；少部分高等动物只有在快死的时候，才知道自己要死了。而人，在年幼的时候就知道自己终将一死。

为什么已知自己必死的我们不仅要活着，而且还要活得很努力、很认真、很坚忍不拔？

为了解决这个问题，人类就必须发明一种生活模式，让我们觉得生活是值得过的，即便最终一切将化为尘土。

心理学，就是这么一套让人幸福生活的理论和方法。

而本书的目的，就是系统、全面地讲述这套理论和方法，让我们认识自己、掌控自己、超越自己；找到自己的使命，实现自己的价值，在残酷冰冷的世界感到温暖与幸福。

本书分为三章，每一章及其章内的小节相对独立，可以根据兴趣自由选择阅读。

在第一章"认识自我"中，我们从人性的阴影出发，在被理性、文明遮蔽和压抑的潜意识中，看到"我"陌生的另外一面——一个充满欲望、追求快乐但不被接纳的"我"。

在人类历史上，意识与潜意识的战争、理性与感性的冲突、文明与兽性的对抗从未停止过，于是抑郁、焦虑等各种精神疾病由此而生——可以说，这是导致几乎所有精神障碍最根本的心理原因。但在另一方面，正是欲望与压制、冲动与困扰，才构成了我们真正的人性。

在这一章，我们从潜意识与意识的冲突、感性、意识和自我的成长，这四个关于自我的最基本的支柱入手，去探索在平静的人性之下的暗流涌动，瞬息万变；然后直面感性的需求，认识理性的局限，让两者水乳交融，握手言和，从而获得成长，重返我们精神世界的中心。

自从古希腊哲学家普罗泰戈拉宣称"人是万物的尺度"之后，人类中心主义就成为我们心中根深蒂固的观念。但是，哥白尼的《天体运行论》不仅用日心学说取代了地心学说，更是把人的位置从宇宙的中心移到了宇宙的一隅。300年后，达尔文的《物种起源》将人类在肉体上等同于动物。自此，一神之下、众生之上的人类跌下了神坛。**在第二章"掌控自我"中，我们将通过"活在当下"，重返我们精神世界的中心。**

只有当明白"心理的当下"并非"物理的现在"，而衰老只是一个被灌输的概念时，我们才能真正地掌控思维，看到在理所当然的规范之外的另外一种可能，以及另外一种存在模式。

由此，让心灵从未来回到现在，通过身心合一和塑造合理信念来寻找当下的存在与真实，消除焦虑；为未来而等待，利用对未来的期望来指引当下的行为，破解拖延症。虽

Preface
作者序

然我们无法控制这个物理世界，但是我们可以控制自己看待世界的方式。

物理世界总是以不完美的方式呈现在我们面前，在第三章"超越自我"中，我们将学习如何以富裕的心理资本对抗贫穷的物质资本。

在生活中，强大而又无处不在的社会力量和文化压力，让我们不仅对失败，而且对成功充满紧张与恐惧；于是我们妥协，变得温顺、服从、谦恭，放弃让"我"成长为更好的"我"的机会。

的确，我们是环境的产物；但是，我们更是环境的营造者。自尊把荆棘变成沃土，自信把失败变成机会，而理性平和把工作变成使命。最后，我们在爱过的人、走过的路、追逐过的梦想以及获得过的成就等一点一滴的故事中，追求幸福并定义自己。

希腊半岛没有像孕育巴比伦文明的幼发拉底河，或孕育埃及文明的尼罗河这样的大河流域带来的肥沃土壤，但是这里海岸曲折，港湾众多，海洋资源得天独厚，所以古希腊人以航海商贸立国。

于是，埃及的宗教、巴比伦的天文、波斯的哲学、腓尼

13

基的文字，等等，各式各样的远古文明通过商贸传入伯罗奔尼撒的丘陵、阿提卡的果园，以及比阿提亚的山岭。

商贸的根基在于契约，而契约的签署需要能承担责任的"自由人"。于是，古希腊人便通过学习自由的、无功利的科学来培养"自由人"。由此，"无用之学"的科学便在古希腊产生。

今天，科学已经深入到我们生活的每一个细节，让我们摆脱寒冷的侵袭、饥饿的噩梦；让我们的梦想挣脱地球的束缚，走向无尽的宇宙。

但是，我们却不幸福。

这也是为什么越来越多的年轻人选择"无用之学"的心理学作为他们的大学专业——**通过科学，我们获得了自由；而通过心理学，我们将获得幸福。**

所以，人人都需要学点心理学。

Contents
目 录

Chapter 1

认识自我：
我们一直活在对人性的最大误会中

我是谁？从何而来，又要到何处去？我们是如何从一个似乎一无所知的小孩，变成一个似乎又什么都知道的成人？我们为什么害怕死亡？

01 潜意识与意识的冲突：
我是谁？答案就在这一片黑暗之中

"我"是三位一体：本我、自我、超我 8

解决本我和超我冲突的最粗暴选择：
压制人的动物本能 12

禁锢了欲望，同时也就禁锢了人性 14

压制欲望只能以毁灭来结束，
无论这毁灭的是肉体还是精神 16

解决本我与超我冲突的另一条路：五种心理疏导的方式 19

升华：为恨找到爱的归属 22

与其冲突战争，不如握手言和 25

结语：于暗黑处见自我 29

02 感性：跟着感觉走，脚步越来越轻越快活

情感的功能：情感定义了好与坏 **34**

没有情感就没有智能，感性可以提供比理性更好的建议 **38**

情商：为什么它比智商更重要 **41**

情绪控制：吃不到的葡萄就是酸葡萄 **47**

形神一体：神不乱，则形不乱 **51**

结语：不妨也尝试跟着感觉走 **54**

03 意识：理解人生之路

为什么会走神——在绝大多数情况下，我们并不需要意识 **59**

我们的自由意志并不决定我们的行为 **61**

意识让我们爱上自己 **66**

意识不是用来做选择，而是用来理解选择的 **68**

结语：理解人生之路，然后迈步向前 **70**

04 自我的成长：我的过去、现在和未来

自我：一个不可分割的我 **75**

自恋中的无知 **78**

具身认知：因为微笑，所以开心 81

约哈里之窗：通往认识自我的窗户 84

成长：从心所欲，不逾矩 87

结语：随性，随喜，随缘 90

本章结语：快乐并不可耻，快乐才是生活的真正目标 92

Chapter 2

掌控自我：
拥有一个不打折的人生

无意识与意识的冲突，感性与理性的战争，自我的融合与分裂，贯穿在我们整个人生的挫折与迷失之中，是宣泄还是压制？我们究竟应该如何掌控自我？

05 控制：做自己人生的主人

掌控是真正的长寿之道 101

人的一生，唯控制二字 103

人生艰难，唯控制二字 108

抑郁的一个原因就是控制感的缺失 112

结语：真正的控制感来源于活在当下 116

06 专念：身心合一，活在当下

专念：生活中的一滴蜜糖 123

时间相对论：心理的当下并非物理的现在 125

"衰老"是一个被灌输的概念 131

正念：此刻是一枝花 136

结语：不再问"那怎么可能"，而是问"为什么不能" 141

07 应用：用专念来战胜焦虑

无用的焦虑：身在当下，心在未来 147

掌控身体，让心灵从未来回到现在 148

理性情绪疗法：
从信念上寻找焦虑的根源并消除不合理的信念 154

用苏格拉底的"产婆术"辩论法
来破解不合理的信念 157

结语：寻找生命的价值与人生的使命 162

08 延迟满足：慢慢来，反而快

棉花糖实验：原始社会的享乐主义在今天的投影 **168**

延迟满足：为未来而等待 **170**

误区：吃得苦中苦，方为人上人 **172**

正确的办法：慢慢来，反而快 **177**

人的终极价值：把平凡的工作做成伟大的事业 **179**

结语：在做人上不分你我，在做事上不分边界，
实现自我价值 **184**

09 应用：行动是解决拖延症的唯一办法

测测你是否有拖延症 **188**

对拖延症的误解：因为懒而拖延 **190**

拖延的三宗罪 **192**

对抗拖延症的三个误区 **197**

行动是解决拖延症的唯一办法 **200**

进阶：小步快跑，迭代升级 **203**

结语：毁灭人类最简单的方法，就是告诉他们还有明天 **206**

本章结语：我们无法控制这个世界，
却可以控制自己看待世界的方式 **209**

Chapter 3

超越自我，追求幸福

年轻时，我们把才华写在脸上，无所畏惧；随着年龄的增长，我们退去锐气和光芒，变得谦卑与顺从。心理学家马斯洛说，我们不仅压制自己危险的、可憎的动物本能，我们也常常压制自己向真向善向美的人性。

10 自尊：以富裕的心理资本对抗贫穷的物质资本

高自尊是抵抗贫穷的心理防线 **217**

自我增强：寻求积极评价，避免负面反馈 **221**

实现高自尊：降低不合实际的抱负 **225**

"约拿情结"——我们不仅害怕失败，更害怕成功 **230**

结语：奔放的人生 **232**

11 自信：从绝望中寻找希望

胜利者效应：成功才是成功之母 **238**

成长型思维：从失败中寻找成功的机会 **241**

以始为终，以简求真 **247**

结语：愿效能的力量与你相随！ **251**

12 理性平和：
把期望降低，把依赖变少，你会过得很好

互联网时代的"民科" **258**

超越自卑感 **261**

放下欲望，极简前进 **265**

低强度的正性情绪：爱我所爱，愉悦轻欢 **267**

结语：人生中不可不想的事 **271**

13 应用：幸福来源于行动

享乐跑步机陷阱：幸福感与物质财富无关 **274**

幸福感只是一种主观体验 **276**

幸福感的两个来源：享乐与良好生活 **279**

行动：生命、自由和追求幸福 **283**

均衡的生活：平衡当下的享乐与未来的意义 **286**

感恩：送人玫瑰，手留余香 **288**

结语：幸福乃追求幸福之目的 **290**

本章结语：超越自我 **292**

GENERAL PSYCHOLOGY

Chapter 1

认识自我：
我们一直活在
对人性的最大误会中

我是谁？从何而来，又要到何处去？我们是如何从一个似乎一无所知的小孩，变成一个似乎又什么都知道的成人？我们为什么害怕死亡？

序言 PREFACE

人性的阴影

我们认为我们是了解自己的，这是因为我们知道我们的过去：出身于什么样的家庭，在什么样的小学、中学和大学读过书，做过什么样的工作，以及和恋人经历过的酸甜苦辣。更重要的是，我们不仅能看见我们的外在行为，还可以洞悉自己的内心，知道自己行为背后隐藏的动机与理由。

但是，这是关于人性一个最大的误会！这是关于心理世界一个最大的错觉！正如月球的背面。

由于潮汐锁定，月球永远以同一面朝向地球，所以自生物进化出眼睛以来，它们看到的月球永远是同样的一面，而月球的另外一面则始终隐藏在迷雾之中。

直到1959年10月4日，苏联发射的月球3号探测器第一次从月球背面掠过，在距离月球60千米的高度发回了首幅月球背面的照片，人类才第一次目睹了月球背面的真实面目。

原来月球的背面和正面如此不同：正面相对平坦，而背面崎岖不平、坑坑洼洼；正面约60%都被月海玄武岩覆盖，而背面几乎都是高地斜长岩；22个月海19个分布在正面，只有3个很小的月海位于背面；背面的月壳最厚处达150千米，而正面月壳厚度只有60千米左右……

我们看到了另外一个月球，一个自地球生物抬头凝视宇宙起完全不一样的月球。

我们是否也有另外一面？一个我们看不到的另外一面？

我是谁？从何而来，又要到何处去？我们是如何从一个似乎一无所知的小孩，变成了一个似乎又什么都知道的成人？我们为什么害怕死亡？害怕、忧伤和快乐的本质到底是什么？什么是意识，机器人有意识吗？什么是感情，动物有感情吗？为什么我们既能创造出伟大的思想、辉煌的奇迹、美丽的艺术，同时又在不断地通过战争、犯罪来毁掉它们？

在这一章里，我们会从潜意识与意识的冲突、感性、意识和自我的成长这四个关于自我的最基本的支柱入手，去认识自我，看到另外一个截然不同的"我"，揭开"人性的阴影"。

01

潜意识与意识的冲突：
我是谁？答案就在这一片黑暗之中

弗洛伊德

潜意识里的野蛮的、兽性的，甚至与道德背道而驰的想法，才是我们的本性；而我们引以为傲的道德、理想和高贵的灵魂，其实只是掩盖这些兽性想法的伪装。

Chapter I　**认识自我：**
我们一直活在对人性的最大误会中

提香的《酒神祭》
这幅画再现了酒神节的狂欢，而这种狂放的、毫无节制的感性行为，与文明社会的秩序格格不入。

早在公元前 7 世纪，古希腊人在每年 3 月为了表示对酒神狄俄尼索斯的敬意，都要在雅典举行酒神节的庆典。

在古希腊神话里，狄俄尼索斯是宙斯的儿子，少年时就被任命为狂欢之神。凡他所到之处，狄俄尼索斯便教人如何种植葡萄和酿出甜美的葡萄酒,并把乐声、歌声和狂欢带给世人,因此被称为酒神。

意大利画家提香,在其画作《酒神祭》里再现了酒神节的狂欢。在橄榄树林中,少男少女们围在一起开怀畅饮葡萄酒。随着音乐逐渐热烈,他们开始意识迷离,欲望伸张,没有世俗的约束,只是为了欢乐而欢乐。

显然这种狂放的、毫无节制的感性行为,与文明社会的秩序格格不入。于是,古希腊人又塑造了人类文明的守护神——日神阿波罗。与狂放不羁的酒神狄俄尼索斯不同,日神阿波罗端庄宁静,闪烁着智慧和理性的光芒。阿波罗用七弦琴代替了葡萄酒,用精神的沉醉代替了肉体的沉醉。

酒神精神和日神精神是古希腊两种对立的精神。从动物演化而来的人本来就遗留了动物的兽性——自由自在,精力和欲望随时都可以像火山一样喷发。

但是,当原始人聚集在一起建立部落乃至城邦后,秩序便是维持文明社会的基石。因此,现代人必须用后天的道德和法律来约束自己的兽性,遏制支配人类感性行为的欲望。

所以在古希腊酒神精神和日神精神的冲突中,以理性为核心的日神精神逐渐占了上风，而寻欢作乐的酒神精神则屈服于理性之下，似乎从此就销声匿迹了。

但是，经千百万年进化而印刻在人类基因里的兽性，并没有真正被理性所驯化、所消灭，它只是潜伏起来，随时准备重夺对人的控制权。第一个发现这一点的人正是弗洛伊德。

1900年，弗洛伊德发表了他的第一部著作《梦的解析》。这本后来被誉为精神分析学派"圣经"的巨著引起了惊涛骇浪——难道在每个人的高贵灵魂中，还潜伏着肮脏的、野蛮的、冲动的兽性？

因此，它遭受到了最严厉的批评和排斥，被认为是鄙俗、粗野、败坏社会道德的东西。

对此，弗洛伊德早有准备，他在书的扉页上写道："假如我不能上撼天堂，我将下震地狱。"

"我"是三位一体：本我、自我、超我

梦，自人类有文字以来就有记载。古人推测梦具有预测未来祸福的能力，而占卜者、巫医或宗教人士就成了梦的权威解释者；也有人推测梦其实是灵魂在肉体睡着之后而四处漫游的所见所闻，所以有了耳熟能详的"庄周梦蝶"的故事。

庄周梦见自己变成了蝴蝶，不知道自己原本是庄周；突然间从梦中醒来，惊惶不定之间方知原来自己还是庄周。于是庄周感叹道，不知是庄周在梦中变成了蝴蝶呢，还是蝴蝶在梦中变成了庄周？

正是因为梦的神秘莫测，所以梦通常与鬼神交织在一起。弗洛伊德在《梦的解析》一书中把宗教与鬼神从梦的定义中剔除，这是人类历史上第一次把梦纳入科学考察的范畴。

他告诉人们：在隐秘的梦境里的所见所感，以及眼泪、痛苦和欢乐，都是充满意义的——是一个人与自己内心的真实对话，是备受理性压抑的兽性的呐喊，是另外一个与自己息息相关的人生，正如月球的背面。

这些兽性的想法藏在什么地方呢？弗洛伊德把我们的意识比作一盏探照灯，照亮的地方，是我们能感知的地方，是道德、理想和高贵的灵魂栖息之地；而探照灯没有照到的黑暗之处，则是兽性的栖息之地。这个地方，弗洛伊德称之为潜意识。潜在水面之下，潜伏于黑暗之中。

通过对梦的进一步分析，**弗洛伊德认为潜意识里的野蛮的、兽性的，甚至与道德背道而驰的想法，才是我们的本性；而我们引以为傲的道德、理想和高贵的灵魂，其实只是掩盖这些兽性想法的伪装。**

基于这个理论，弗洛伊德指出我们的人性可以分为三个部分，以解释意识和潜意识之间的相互关系。

第一个部分叫"本我"，是作为动物的"我"，以实现自己的欲望和需求为目的。

第二个部分叫"自我"，是社会现实中的"我"，有情感，也有理智。

第三个部分叫"超我"，是理想中的"我"，是良知和内在的道德。

本我是人最为原始的、满足动物本能冲动的欲望，如饥饿、恐惧、愤怒、性欲等，它构建了人性的最底层。它是由生本能（性）与死本能（攻击）所组成的能量系统，因此有很强的力量，弗洛伊德称之为"力比多"（libido，即"性力"）。

本我是无意识的、非理性的、非社会化的和混乱无序的，只遵循享乐原则，即追求个体的生物性需求，如食物的饱足与性欲的满足，以及避免痛苦。它像一个被宠坏的孩子：想要得到时，就要立即得到；为了即时满足，没有任何顾忌。

超我则位于人性的最高层，是管制者，是由社会规范、伦理道德、价值观念内化而来的道德化的自我。它包含了我们为之努力的那些观念，以及在我们违背了自己的道德准则时所预期的惩罚。它对社会标准认为好的行为给予奖赏，例如自尊、自信等；而对于坏的行为则给予惩罚，例如负罪感、自卑等，从而抑制本我的动物性冲动，监控自我的执行，追求完美的状态。

超我遵循完美原则，所以常被非黑即白、非好即坏的二值判断所束缚。它像一个蒙眼的法官，根据结果而不是情境与动机，用理性而不是感性来做出判决。

在本我与超我之间的是自我，它是从本我中逐渐分化出来的，是意识的存在和觉醒。它遵循现实原则，调节着本我与超我之间的矛盾，从而在不违背超我的前提下延迟满足本我的需求。

自我的现实原则与本我的享乐原则并不冲突，它只是学会了妥协，暂停了本我的即时满足，而是用延迟满足来取代即时满足。

例如，当一个小伙子看见一个漂亮的姑娘，这位小伙子的本我想立刻将她占为己有，即需要即时满足的享乐原则。而他的超我则会批判本我，说："这是流氓行为、违法行为！"即基于二值判断的完美原则。

此时，作为协调本我与超我冲突的自我，则会向这个姑娘送花、约会，最后谈婚论嫁，组建家庭，最终和这个姑娘在一起。自我的这个延迟满足的现实原则，既满足了本我的享乐原则，也不违背超我的完美原则。

简而言之，本我是人的动物本能，超我是理想化目标，而自我则是二者冲突时的调节者。但是，本我和超我之间的冲突，是水与火的冲突，是兽性和文明之间的冲突，因此必然是频繁的和难以调解的。于是，我们发展出一系列的调解办法，弗洛伊德称之为防御机制。

解决本我和超我冲突的最粗暴选择：
压制人的动物本能

解决冲突最简单的办法，就是将本我压制住，将那些不能被社会所接受的想法和欲望深深地禁锢起来，不让它们进入我们的意识之中，不让它们有表达的机会。

压制，是解决兽性与文明冲突的第一选择。

本我是欲望，所以压制本我的最简单、最直接的方法，就是禁欲。禁欲最早可以追溯到西方科学的先驱毕达哥拉斯。

毕达哥拉斯认为"万物皆数"——即数是万物的本原，万物的性质是由数量关系决定，而万物按照数量比例构成了和谐的秩序。

从毕达哥拉斯的追随者留下的文字中可以得知毕达哥拉斯身上有许多神迹：当他褪去衣服时，可以看到他的大腿是黄金铸造的；当他渡河时，河神涅索斯向他致敬，等等。

其实，这些神话传说折射的是毕达哥拉斯对宇宙和自然神性的追求和信仰。这里的神性，指的是宇宙和自然不为人的意志所转移的规律。例如，毕达哥拉斯和他的追随者发现，太阳系里行星之间距离的比例，类似于琴弦各弦长之间的比例。于是他们就认为，这种和谐的比例关系就是宇宙与自然的神性，是管辖宇宙万事万物的规则。

但是，宇宙和自然的神性所产生的和谐与秩序却受到了身体的挑战，例如饥饿。当我们正全神贯注探索神性的时候，饥肠辘辘的感觉却扰乱了这一片和谐与秩序。

于是，我们不得不停下对逻辑的思考，对神性的追求，而去寻找食物。葡萄酒与美食让我们流连忘返，醉酒与饱食后的昏昏沉沉又使得我们无法理性地思考。

这在毕达哥拉斯看来，此时此刻我们的理性就变成了身体的奴隶。所以，肉体的欲望与宇宙的秩序和科学的理性格格不入；要追求神性，就必须用理性来获得对身体的掌控权，就必然要禁欲。

于是，**越是身体不喜欢的事情（如饥饿）、身体害怕的事情（如疼痛），就越是要用自由意志去做；而越是身体喜欢的事情（如社交）、身体渴望的事情（如性欲），就越是要用自由意志不去做。**

毕达哥拉斯身体力行——在他创办的学院里有着极其严格的禁忌：吃素食，洁净身体，保持缄默，过有规律的团体生活，对学院外恪守秘密，在学院内不立文字等等。这些具有宗教色彩的禁忌，目的就是要降伏肉体的种种本能，控制喜怒哀乐等情绪。

时至今日的印度，常有一些蓬头垢面、衣衫褴褛的苦行僧，带着象征湿婆神的三叉杖，边走边吟诵古经文。他们必须忍受常人认为是痛苦的事情，如长期断食甚至断水，躺在布满钉子的床上，行走在火热的木炭上等。

于是，对理性的追求，就演变成了对痛苦的追求。苦行者希望在痛苦中"降伏本心"，由此让精神获得自由，灵魂得到解脱，最终超凡入圣。

禁锢了欲望，
同时也就禁锢了人性

然而，对肉体欲望的压制，并没有从根本上消除欲望，甚至还会让欲望以更强烈的力量反弹。

我们可以通过一个心理学实验，进一步认识这一点。

Chapter 1 　认识自我：
我们一直活在对人性的最大误会中

> **EXPERIMENT**
> **粉色大象实验**
>
> 在你的身边放一个闹钟，计时五分钟。这五分钟里，你可以想任何东西，但是绝对不能去想一头粉色的大象。显然这不是一个太难的挑战——五分钟内，你能很好地控制你的意识，基本上不会去想粉色的大象。
>
> 但有趣的是，当闹钟响起时，五分钟的意识控制结束，此时你的脑海里会持续出现粉色的大象。不仅如此，这头粉色的大象就如幽灵一般，在接下来的一天甚至几天里，都会出现在你的脑海里，挥之不去。

这是因为，在日常生活中，我们的思想原本处在自由流淌的状态，而当我们被告知不能去想某个事物的时候，我们的意志就会压制我们的自由思想，告诉大脑应该想什么，不应该想什么。在一段时间里，我们的意志可以非常成功地压制这些不应该有的想法。

但是，正如三皇五帝时代的鲧在治水时采用的筑坝拦水方法一样，后果是水位越来越高，威胁越来越大，大坝最终会被冲垮；同样，被压制的想法不仅不会凭空消失，反而会以更强的力量反弹，变得更难压制。

当意志被消耗一空，压制不再有力量的时候，这些被压制的想法就会绝地反击，充斥我们的脑海。

所以，在基督教里会有绑在大腿上的带有金属倒刺的苦修带——当意志不再能克制欲望时，扎在皮肉里的倒刺所带来的剧痛，就变成了压制欲望的最后一道防线。

压制欲望只能以毁灭来结束，无论这毁灭的是肉体还是精神

当肉体的痛苦还不能禁欲时，折磨就必将指向精神：质疑自我，贬低自我，攻击自我，精神疾病由此产生。1917年，弗洛伊德发表了《哀伤与抑郁》一文。在该文中，弗洛伊德详细区分了哀伤与抑郁。

一方面，两者有许多相似之处，例如，二者都有丧失——深刻的沮丧感，对日常的快乐失去兴趣，性能力的丧失，注意等认知能力下降等。

但是，哀伤者的这些症状会在一段时间后自然消失，不需要特殊处理，更不需要心理咨询的干预。而抑郁则是一种精神疾病——症状不会消失，甚至还有可能会加重，出现拒

绝进食、抗拒睡眠等对抗身体本能需要的行为——自杀。

抑郁与哀伤的最大区别在于：

（1）抑郁者容易自责、自罪，将自己贬得一无是处，觉得自己理应遭受惩罚。

（2）抑郁者还会将对自己的攻击延展到过去与未来——自己从来就没有好过，而且未来也一片灰暗。

弗洛伊德分析道，**这是因为抑郁者有严重的低自尊和极端的自我匮乏感，"哀伤使世界变得贫瘠而空洞，抑郁则使自己变得贫瘠而空洞"。哀伤的对象是外部世界，而抑郁针对的则是内部的精神世界。**

所以，哀伤者的丧失有真实的对象，例如父亲去世、财产遭受重大损失、事业碰到瓶颈等。而抑郁者遭遇的不是真实对象的丧失，而是精神世界里最宝贵的东西的丧失。这个最宝贵的东西，就是理想化甚至幻化出来的对象，是心中的"神"。

在毕达哥拉斯那里，这个"神"是"数"。我们可以想象一下，当毕达哥拉斯坚信的"万物皆数"被摧毁的时候，他的感受会如何？

对于我们而言，这里的神就是"超我"——最好的我，

PSYCHOLOGY 心理学通识

"哀伤使世界变得贫瘠而空洞，抑郁则使自己变得贫瘠而空洞。"

弗洛伊德
1856年—1939年，奥地利精神病医师、心理学家、精神分析学派创始人。他的著作《梦的解析》标志着精神分析学派的形成。

理想中的我，我们最珍惜、最宝贵的信念或者事物，即我们所追求、所挚爱的对象。

爱的对象的丧失，会激起抑郁者强烈的矛盾情感。一方面，他们是如此深爱着这个对象；而另一方面，他们因为害怕无法获得这个对象或者被这个对象所遗弃，于是会产生同样强烈的恨。而这个恨就表现为对爱的对象的各种谴责与贬低，就如害怕得不到，就毁灭之。

在这个过程中，抑郁者感受到的是施虐的快感，正如佩戴着金属倒刺苦修带自残的僧侣。于是，恨里也有了快乐，所以抑郁者很享受这个摧毁自己的过程。

自杀，在外人看来是在杀自己，但是在抑郁者潜意识中，他所杀的只是那个让他爱恨交织的"超我"。无怪乎抑郁症是所有疾病中自杀率最高的一种疾病。

世界卫生组织曾预测，到2020年，抑郁症可能会成为仅次于心血管疾病的人类的第二大疾病杀手，远超癌症等疾病。

所以，压制欲望只能以毁灭来结束，无论这毁灭是肉体上的还是精神上的。

解决本我与超我冲突的另一条路：
五种心理疏导的方式

为了有效化解感性与理性、兽性与文明的冲突，我们如同大禹通过疏导来治水一样，发展出五种心理疏导的方式来解决冲突，分别是取代、反向形成、投射、合理化和升华。

第一种心理疏导的方式：取代。

例如，一些人在紧张时喜欢啃自己的手指甲或者铅笔头等，根据弗洛伊德的解释，这可能是对吮吸母亲乳汁行为的取代。幼儿通过吮吸母亲的乳汁，一方面可以获得食物，另一方面可以获得安全感与关爱。

但是，随着年龄的增长，吮吸乳汁就不再是一种社会可接受的行为；于是，一些人就通过啃咬手指甲或者铅笔头来取代吮吸乳汁的行为，以此来获得安全感与关爱。

第二种心理疏导的方式：反向形成。

例如，心理学家对反同性恋人士的研究发现，那些极端反同性恋的人，其实有相当一部分本身就是同性恋者。

这就是反向形成：当一种行为或者态度不被社会所接受时，为了避免被他人看出自己真实的欲望和与此相关的焦虑，这些人就走到了另外一个极端。

再如，完美主义者为了避免不完美，干脆就拒绝了所有的开始，最后变成拖延症；孤独者因为害怕被拒绝，所以就先拒绝别人。反向形成，是通过倔强来掩盖自我的脆弱。

第三种心理疏导的方式：投射。

例如，一个小气的人，通常会认为他人小气；一个挑剔的人，通常会认为他人挑剔。投射就是将自己具有的，但是社会不接受或者反对的特质，投射到他人身上，认为是他人而不是自己具有这种特质。

当把超我对自己的指责，投射到他人身上，自己内心的罪恶感也会因此而降低，正所谓"我见青山多妩媚，料青山见我应如是"。

第四种心理疏导的方式：合理化。

例如，一个有暴力倾向的父亲殴打小孩时，他会合理化自己的行为，宣称自己这么做是为了小孩的健康成长在管教小孩。

合理化，是指当个体的目标未能实现或行为不符合社会规范时，给自己的一个合理解释，以维护自尊免受伤害和减免焦虑带来的痛苦。

于是，楚霸王项羽在败亡时也采用了合理化的方式："力拔山兮气盖世，时不利兮骓不逝。"类似的还有电影《南征北战》里的著名台词："不是国军无能，是共军太狡猾！"

上面这四种疏导方式，本质是将潜意识里的兽性通过其他渠道如同泄洪一般发泄出去。但是，组成兽性核心的是充满能量的生本能（性）与死本能（攻击），一方面它可以摧毁一切；而另一方面，这些能量也可以转化为成长的动力。这就是弗洛伊德说的第五种疏导方式：升华。

升华：为恨找到爱的归属

最早的心理传记是弗洛伊德在1910年写的《列奥纳多·达·芬奇与他童年的记忆》。在这本书中，弗洛伊德用精神分析法剖析了达·芬奇童年以来性心理的发展，阐释了他的艺术与科学活动的心理起源。

达·芬奇是一个私生子，父亲是佛罗伦萨的贵族后裔，而母亲是乡下的一个农妇。5岁前，达·芬奇和母亲居住在乡下。5岁时，父亲从母亲那里带走了他，于是达·芬奇永远失去了母亲。

对于童年的记忆，达·芬奇非常模糊，只在著作中随意提到："好像我命中注定始终要和秃鸳有着密切的关系。在我最早的记忆中，我记得当我还在摇篮里时，一只秃鸳向我飞来，并用它的尾巴撬开了我的嘴，还多次用它的尾巴拍打我的嘴唇。"

达·芬奇的《蒙娜丽莎》

弗洛伊德认为，蒙娜丽莎既端庄又魅惑的微笑，唤起了达·芬奇压抑在潜意识中对母亲的记忆。这个微笑既是他对母亲的依恋与爱，更是他对一生性压抑的不幸的超越，最终升华成一种对终极美的追求。

弗洛伊德认为，达·芬奇在其著作中所说的，与其说是早期记忆，不如说是早期幻想，因为在儿童早期，记忆和幻想不可分割。

达·芬奇童年记忆中的秃鹫的发音（Mut）和母亲的发言发音（Ma）类似。在古埃及神话里，秃鹫被认为是母亲的象征。所以，达·芬奇对秃鹫的幻想，实际上源自哺乳的记忆。这个记忆，正是他对生母的深深依恋，之后演变成了达·芬奇的恋母情结。

然而对生母的性渴望是乱伦，是被社会绝对禁止的，于是达·芬奇只好将性渴望深深地隐藏起来。

一方面，达·芬奇虽然高大帅气，但却孑然一身——他宣称："与生儿育女有关的任何事都令人厌恶，人若没有美好面孔以及美感素质，将会早亡。"

但是另一方面，达·芬奇的性压抑并没有摧毁他，反而升华成了卓越的能力。他成长为一个天才般的科学家、艺术家、发明家，被誉为"文艺复兴时期最完美的代表"。

他记忆中的母亲的微笑正是艺术史上最著名的微笑——蒙娜丽莎的微笑——既端庄又魅惑。

弗洛伊德认为，正是蒙娜丽莎这个美丽的佛罗伦萨女人，用微笑唤起了他深深压抑在潜意识中对母亲的记忆。

他努力用画笔来再现这个微笑，这个微笑既是他对母亲的依恋与爱，更是他对一生性压抑的不幸的超越，最终升华成一种对终极美的追求。失去母爱，性压抑，现实生活中的种种不幸，转换成为他艺术创作和科学发明的动力之源。

抑郁来源于痛苦，伟大也同样来源于痛苦。或是在痛苦中毁灭，或是在痛苦中升华。

与其冲突战争，不如握手言和

在法国东北部有一个仅有 2 万多公顷的小镇，叫勃艮第。这里的土壤多为泥灰岩、钙质黏土与花岗岩变质土，是从古老的侏罗纪时期逐渐演化而来，而且一年四季气候变化剧烈，夏季炎热，冬季寒冷，时常有冰雹灾害。然而，就是在这块不适合农耕的土地上，却产出了世界上最好的红葡萄酒——罗曼尼·康帝，单瓶税前价值超过 10 万元，远胜波尔多最贵的柏图斯，更不用说拉菲了。

勃艮第之所以能产出举世闻名的葡萄酒，是由于当地一代代苦修的勃艮第僧侣前仆后继、苦心钻研葡萄酒酿造技术酿制而成的。在他们看来，一切磨难，只是酒神节上葡萄酒

桑德罗·波提切利的《帕拉德和人头马神》
这幅画体现了理性与感性的冲突，人头马神一半人身一半马身暗示着人是理性与感性双重载体的化身。

入口前的开胃菜。土壤中夹带的海洋化石为葡萄酒带来了众多矿物质风味以及海风气息,变幻莫测的气候更使得葡萄酒拥有丰富的层次。

勃艮第僧侣信奉的基督教文化,是苦难式的、消极的、禁欲的,认为人生的享乐是一种罪恶。但是,他们酿造的葡萄酒,却是纵情声色、放浪形骸的必需品。当勃艮第僧侣举杯畅饮酩酊大醉时,我们看到了肉体与精神的握手言和,看到了欲望和理性的水乳交融。

古希腊诗人西蒙尼德曾感慨道:"人的生活如果没有性欲带来的欢乐,那还有什么光彩?没有这种快乐,是否连众神的生活都不会令人敬慕了呢?"

弗洛伊德用力比多一词,进一步拓展了性欲的外延。弗洛伊德所讲的性欲,并不是狭义的与生殖有关的性,而是生本能,是具有广泛意义的、与人类的各种本能需要有关的一切。活力、爱情、好奇、开放、征服,等等,正是力比多充沛的体现。这正是酒神节上古希腊人试图展示的青春活力,纵情狂欢的美好。

然而,弗洛伊德并没有宣扬对性的无节制放任,一如古希腊人所说:"**贞洁是放纵最好的开胃菜。**"弗洛伊德只是在反抗对性的宗教式的神秘化与禁忌——他坦然宣称性是人的自然属性，应给予它应有的地位，而不是压制与忽视。

人类经过几千年的发展，物质累积之丰厚，生存条件之优渥，远胜当年的古希腊。但是我们并不快乐：不能输在起跑线上的孩子，奔波于各种课外补习班的青少年，沉迷于追名逐利的成年人，以及缺乏安全感的孤独老人。

生存条件的优劣、贫穷与富有，在我们心中永远是一个相对概念，于是历史时间轴上的每个时间点，人们都不满足，甚至充满惶恐，只好艰难向前，永不停息。也许人类只敢在睡梦中，当意识与理性的监控减弱时，那些在白天遭受压抑和排斥的潜意识愿望才能复活，获得片刻虚假的满足。

事实上，我们完全没有必要这么为难自己。我们需要让欲望与克制、潜意识与意识、兽性与文明握手言和，就像勃艮第酿酒的僧侣一样。

那位宣称"人是万物的尺度"的古希腊哲学家普罗泰戈拉还有一句著名的话："**人类处于神与禽兽之间，时而倾向一类，时而倾向另一类；有些人日益神圣，有些人变成野兽，而生活中的大部分人保持中庸。**"

一半是火焰，一半是海水。中庸即美。

> "人类处于神与禽兽之间,时而倾向一类,时而倾向另一类;有些人日益神圣,有些人变成野兽,而生活中的大部分人保持中庸。"

普罗泰戈拉
约公元前 490 或 480 年—前 420 或 410 年,希腊哲学家,一生旅居各地,是当时受人尊敬的"智者",主张"人是万物的尺度"。

结语:于暗黑处见自我

经过一百多年的发展,现代心理学的大量实证研究表明,弗洛伊德对潜意识的解释,过于主观,因此有些片面甚至极端。

我们的潜意识并非都是兽性的和充满欲望的;在很大程度上,我们的潜意识是中性的,无所谓好与坏。所以,弗洛伊德的潜意识理论逐渐被现代心理学的认知无意识理论所取代。

但是，弗洛伊德的影响不仅仅局限于心理学界，他的解放被压抑的潜意识的呼唤在西方思想界引起了广泛的回响。他在西方几乎每一个人文社会科学领域都留下了自己的烙印。

在西方现代哲学领域，他的理论是法兰克福学派等许多非理性主义哲学思想的起源；在美学领域，他的理论是超现实主义、自然主义和抽象主义的理论基础。

西方学者把弗洛伊德誉为"心灵的哥伦布""心理世界的牛顿"。更有一种说法：在21世纪的社会科学领域发挥最大作用的，将是马克思主义和弗洛伊德主义。

弗洛伊德的伟大之处，在于他让我们人类第一次直视了我们内心的黑暗，从而叩问黑暗之处的人性。他像茫茫大海中的灯塔，照亮了我们过去几千年来一直在回避的一个事实：**在我们平静的人性之下，暗流涌动，瞬息万变。动机与欲望，冲突与困扰，才构成了我们真正的人性。**

我是谁？弗洛伊德说，答案就在这一片黑暗之中。

02

感性：
跟着感觉走，脚步越来越轻越快活

戈尔曼

> 个人的成就 = 20% 的智力因素 + 80% 的非智力因素，而非智力因素的核心就是情商。

每年二月中下旬，巴西里约热内卢的市长都会将代表城市管辖权的金钥匙交给被称作"莫莫王"的"狂欢节国王"，象征着一年一度世界上最盛大的狂欢节正式拉开序幕。

在接下来的一周里，整个里约热内卢市将由狂欢节国王莫莫王统治，而莫莫王只有一个使命，那就是带领全体市民按照自己的方式尽情狂欢、尽情享乐。

城市里除了医院和酒吧之外，工厂停工，商店关门，学校放假，狂欢的人们忘掉了种族与肤色，忘掉了贵贱和阶层，忘掉了不幸和艰辛，剩下的只有欢和乐。

狂欢节并非巴西所特有，也是欧洲和美洲国家的人民张扬自我的节日。西班牙有大加那利岛狂欢节，古巴有圣地亚哥狂欢节，意大利有威尼斯狂欢节，英国有诺丁山狂欢节，德国有科隆狂欢节，比利时有班什狂欢节，法国有尼斯狂欢节，加拿大有渥太华狂欢节，美国有新奥尔良狂欢节，希腊有加拉希迪狂欢节等等。

狂欢节最早可以追溯到公元前7世纪古希腊人在雅典举行的酒神节。而现代狂欢节则起源于欧洲中世纪，与基督教的复活节（复活节是基督教最重大的节日，据《圣经·新约全书》记载，耶稣被钉死在十字架上后，于第三天复活，复活节因此得名）有密切的关系。

在复活节之前有一个为期 40 天的大斋期，即四旬斋。斋期里禁止娱乐，禁食肉，以反省、忏悔来纪念在复活节前遇难的耶稣。或许因为即将度过长达 40 天的肃穆沉闷的生活，所以在斋期开始的前三天，人们会专门举行宴会、舞会、游行，纵情欢乐。如今，大斋期的清规戒律已成过往，但之前的狂欢活动却被保留了下来。

欢乐是狂欢节的唯一目的。可是，人为什么要欢乐？欢乐的功能是什么？

情感的功能：情感定义了好与坏

我们每天都有很多新的想法，有些想法是好的，而有些想法是坏的，但是绝大多数想法无所谓好也无所谓坏，正如今天中午是吃新疆的大盘鸡还是四川的回锅肉，都是可以的，不能用好与坏来评判。但是，对于情感，它最核心、最重要、最明显的特性就是好与坏。

事实上，虽然我们随时随地都在体验各种情感，但是所有的情感都只具有两个维度。

一个维度是情感的强弱，即情感的唤醒度。显然一个男人在得知（1）妻子怀孕了，（2）女朋友怀孕了，（3）妻子与女朋友同时怀孕了时，情感的唤醒度是完全不一样的。

而情感的另一个维度则是好与坏，即情感的效价。

情感的好与坏，并不像通常意义上说的回锅肉好吃或者不好吃，事实上情感本身就是好与坏的定义。你可以列举一下世界上你认为是好或者是坏的任何事物，例如战争是坏的，回锅肉是好的。为什么？

我们认为这些事物是好的还是坏的，是因为它们带来了好的或坏的情感体验。如果战争不带来任何伤害，我们就不会谴责它；而如果回锅肉不能让我们高兴，下次我们就不会再购买了。

如果我们把情感按照好坏分成两类，然后在这些情感旁边备注上能够引发这些情感的事情，我们很快就会意识到，那些诱发负面情感的事情，不仅是我们都不想在自己身上发生的，更是在整个人类进化中对我们的生存、对我们的健康、对我们将基因传递给下一代的行为产生威胁的事情。

例如，当恋人背叛我们时，我们会产生嫉妒、悲痛或者狂暴的情绪；当我们的领地与资源被侵占时，我们会产生害怕或者愤怒的情绪；当我们的朋友或者亲人去世时，我们会产生悲伤的情绪；当我们被从部落、组织或者团体中驱逐、流放，我们会产生羞耻、孤独的情绪。

但是另一方面，当我们得到食物、性和睡眠时，当我们抚养孩子时，我们会体验到快乐与爱；当我们实现了我们预期的目标时，我们会骄傲与自豪。而这些引发好的情感的事情，则是对我们生存与繁衍有益的事情。

从这个角度讲，**情感就是我们在进化中形成的适应大自然的指南针——当我们做正确的、有利于我们生存和繁衍的事情时，我们会感受到正面的、积极的情绪；当我们做不应该做的事情时，我们会感觉到负面的情绪。**

其实，这里提到的指南针并不是一个隐喻，而是实实在在存在于我们大脑中一个被称为杏仁核的脑区。杏仁核位于前颞叶背内侧部，海马体和侧脑室下角顶端稍前处，是产生情绪、识别情绪和调节情绪的中枢，因其形状与大小类似于杏仁而得名。

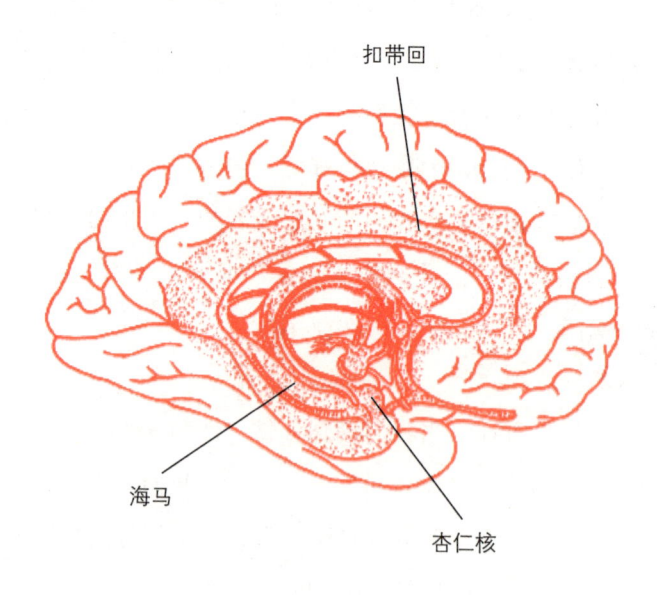

扣带回
海马
杏仁核

杏仁核位于前颞叶背内侧部，海马体和侧脑室下角顶端稍前处，是产生情绪、识别情绪和调节情绪的中枢。

杏仁核时刻监控着这个世界，并且只做一个判断——对我是好的还是坏的，然后向大脑皮层和身体发出行动的信号。

比如，当一个小伙子看见一位漂亮的姑娘时，杏仁核发出信号让大脑思考各种接近并约会这个女孩的策略以及行动；同时，心跳加速，面色变红，语气变得急促与紧张；这时情绪会说："这很好，去搞掂她吧。"

在三百万年前的原始社会，可能这个小伙子采取的方法是用大棒打晕这位漂亮的姑娘，然后扛回自己的山洞；而在现代社会，大棒则变成了玫瑰花和钻石戒指。

所以，时至今日，虽然三百万年前的丛林法则已经被现代社会的文明法则所取代，但是趋利避害的底层逻辑仍然是我们今天的生活法则——在一生中，尽可能地追求积极的情绪体验，同时尽可能地避免消极的情绪体验。

杏仁核不是人类所特有的，事实上任何一种哺乳动物都有杏仁核——它只是古老的边缘系统的一部分，不属于哺乳动物新进化出来的大脑皮层，更不属于人类在过去三百万年的进化历程中，特别发展出来的负责人类高级认知功能的前额叶。

我们的情感系统是古老而原始的，这不禁让我们产生疑惑：一个古老系统产生的信号是否还值得今天的我们去服从，它是否已经过时，所以往往让我们背离目标？或者，它仍可作为一个有用的、快速的、敏感的系统，来帮助我们找

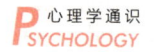

到幸福和生命的意义？

　　这个问题也是哲学家们面临的最古老的议题之一。十八世纪法国资产阶级启蒙运动的泰斗，被誉为"法兰西思想之王"和"欧洲的良心"的伏尔泰，是逻辑和理性的拥护者，他坚信："情感引导我们远离逻辑，情感是推理的敌人。"

没有情感就没有智能，感性可以提供比理性更好的建议

　　情感的确会给我们带来很多坏的建议，引导我们做一些我们不应该做的事情。

　　随手打开新闻，就可以看到许多因为情绪一时失控，而犯下愚蠢的错误甚至不可挽回的罪行的例子，例如争执、路怒、斗殴、杀人等。

　　情感甚至还可以凌驾于理性和逻辑之上。

　　举个不恰当的例子，我们可以在商店或网店买到一个塑料做的外形像大便的恶作剧道具。即使我们的理性知道它是塑料的，不会发出任何臭味，我们也不愿用舌头去舔一下这块大便形状的塑料。甚至当美味的冰激凌被做成大便的形状时，也不会有人愿意去品尝。

> **EXPERIMENT**
>
> **情感厌恶实验**
>
> 在一个关于情感厌恶的实验中，心理学家已经尽一切可能来解释一颗包装上标有"氰化钾"字样的糖果其实没有任何毒性，甚至当着参加实验的大学生的面吃下这颗糖果，大多数大学生仍然犹豫不决，最终拒绝吃下糖果。
>
> 大学生们说，尽管他们相信这糖是完全安全的，但是他们无法克服他们的厌恶反应。
>
> 理性与逻辑就这样被情感所抑制。

但是，有时候情感也会给我们一些好的建议。人类有很多种类型的恐惧症——事实上，大部分存在的东西都有人害怕，比如红色的椅子。但是，害怕红椅子的人要远远少于那些害怕蜘蛛和蛇的人——对蜘蛛和蛇极度恐惧的人在人群中要占到10%~15%，为什么？因为我们认为蜘蛛和毒蛇都有可能让我们丧命，而红椅子则不会。

正是这种由死亡带来的恐惧情绪，让我们更加害怕蜘蛛和毒蛇，而这种恐惧其实是为了让我们远离危险。

所以，情感也可以提供非常好的建议。从更广义的角度来说，感性对于我们的日常生活，常常也可以提供比理性更好的建议。

EXPERIMENT 情感选择实验

心理学家让大学生从两张海报中选择一张带回家，作为参加实验的报酬。这两张海报一幅是精美的梵高的《星夜》，而另外一幅则是加菲猫的卡通画。

当心理学家说"请根据你的直觉来拿取你想要的海报"时，几乎每个人都会拿梵高的画。

但是如果心理学家说："在你决定要挑选哪张海报之前，我希望你能够坐下来仔细考虑一下，并列出这张海报比另一张海报好或坏的原因。"在这种情况下，越来越多的大学生开始选择有加菲猫的海报。

为什么？因为理性和逻辑拖了他们的后腿——当开始思考的时候，一定比例的大学生会说："我实际上已经有一张梵高的画了，加菲猫的画可能会让我的朋友感到惊奇，可能和我的床头装饰更配，愚蠢又可爱的加菲猫会让我感到更快乐……"

逻辑和思考开始让他们有了选择加菲猫海报的理由。

> 但是，当心理学家在两周后联系这些大学生，询问他们对所选择的海报的满意程度时，那些选择了加菲猫海报的人不出所料都后悔不已，一直在问自己为什么要做出如此愚蠢的选择。
>
> 答案非常简单：在我们做选择的时候，如果我们让自己的情感来引导我们的决定，我们会更加满意。

心理学家对脑损伤病人进一步研究发现，当大脑负责情绪中枢的边缘系统受损时，虽然病人仍可以清晰地做出符合逻辑的推理，但是他所做出的决定却是十分的机械和低级。

这是因为当大脑的理性部分与感性部分相分离时，大脑就不能正常工作。所以，人工智能之父明斯基感叹道："人工智能的问题关键不在于智能机器是否能够拥有情感，问题的关键在于没有情感的机器是否能够实现智能。"

情商：为什么它比智商更重要

1905年，法国心理学家比奈基于人类应用知识解决问题的逻辑能力，开发出了世界上第一套智力量表。

"人工智能的问题关键不在于智能机器是否能够拥有情感,问题的关键在于没有情感的机器是否能够实现智能。"

马文·明斯基

1927年—2016年,数学家与计算机学家,人工智能之父,框架理论的创立者,也是"虚拟现实"的倡导者。他被授予了1969年度图灵奖,是第一位获此殊荣的人工智能学者。

随着智力概念的普及和应用,心理学家逐渐意识到智力在预测一个人未来成就时的局限。于是美国心理学家桑代克提出了社会智力的概念,他认为除了逻辑推理外,我们还需要具有了解及管理他人的能力,以及能够在人际关系中采取明智行动的能力。

1940年,美国心理学家韦克斯勒,世界上最通用的智商测验——韦氏智力测验的发明人,在心理学家亚历山大的理论基础上,提出了与智力相对的非智力因素,并第一次提出非智力因素是比智力因素预测个人成功更关键的因素。

但是直到 1995 年，哈佛大学心理学家戈尔曼写作的《情商：为什么它比智商更重要》一书出版，并荣登各国畅销书榜，才真正掀起了一股全世界讨论情商的热潮，使得情商一词与智商一样，成为家喻户晓的概念。

在《情商》一书中，戈尔曼提出了一个经验公式：**个人的成就 =20% 的智力因素 +80% 的非智力因素，而非智力因素的核心就是情商。**

情商，也称为情绪智力，主要包括三方面的能力：情绪理解、情绪控制和情绪利用。

情绪理解：指能准确识别和评价自己与他人的情绪，能及时察觉自己的情绪变化，能准确找到情绪产生的原因。

情绪控制：指通过调节、引导、控制，改善自己和他人的情绪，从而摆脱焦虑、忧郁、愤怒等负面情绪，实现以稳定的情绪来积极应对危机。

情绪利用：指根据当下的环境与目标，激发相应的情绪来提升注意力和敏感度，激发活力与勇气，增强抵抗挫折与疼痛的能力，最终实现目标（这里，我们主要聚焦情绪理解和情绪控制，在本书第三章关于自尊与自信的章节里，我们

> **EXPERIMENT**
>
> ### 铁索桥实验
>
> 我们可以想象在两种不同的情景下邂逅同一个女孩的场景。
>
> 第一种邂逅情景是,你在一座离水面很近且非常宽敞牢固的桥上碰到了一个女孩。
>
> 而第二种邂逅情景是,你在一座离水面一百米高、不停地晃来晃去、看上去十分危险的铁索吊桥上遇到了同一个女孩。
>
> 在这两种情景下,你认为哪一种情景会让你觉得这个女孩更漂亮,更让人动心?

再阐述情绪利用)。

从理性和逻辑上讲,这是同一个女孩,无论在什么地点,在什么情景下遇到,你都会认为她同样吸引人,或者同样不吸引人。但是你会认为,在一个离水面一百米高的铁索桥上,在一个危险的地方碰见的女孩,会更加吸引人,更让人动心。

为什么?道理很简单。当你站在离水面一百米高的、摇摇晃晃的铁索桥上时,由于对环境的害怕,你会紧张,出

Chapter 1　认识自我：
我们一直活在对人性的最大误会中

两种不同情景下遇到同一个女孩：这个女孩是否真的吸引你，其实你并不那么确定，你只是将由铁索桥引发的情绪反应错误地归因到了这个女孩身上。

汗，心跳加速，同时也会大量分泌肾上腺素。而当你看见这个女孩的时候，你并不认为自己此时出现的心跳加速、出汗、肾上腺素分泌增加，是因为环境让你感到害怕，而是将这一系列生理反应错误地归因于这个女孩的出现——是她的出现让你的心跳加速，让你呼吸急促，让你手心出汗。

甚至当你离开这座桥很长一段时间之后，你的心跳依然很快，肾上腺素还在不停地分泌，因此你会自然而然地认为：这个女孩真的很让我动心。

这个女孩是否真的吸引你，其实你并不那么确定，你只是将由铁索桥引发的情绪反应错误地归因到了这个女孩身上。

所以，在谈恋爱的时候，与其带你的女朋友或者男朋友去看一部轻松的言情片，不如去看一部让人肾上腺素飙升的恐怖片。

在很多时候，形式是大于内容的。气势恢宏的建筑与场景，群情激昂的氛围，会让一个冷静的人也疯狂。

情绪控制：
吃不到的葡萄就是酸葡萄

与情绪理解相比，我们在情绪控制上要比我们想象中的好很多。在生活中，我们会碰到一些事，而这些事会引发情绪反应，或悲伤或快乐。我们所忽视的，是在外部事件和情绪反应中的认知加工——评价，即我们对事件的思考方式。

甲壳虫乐队是世界上最有影响力的摇滚乐队。甚至有江湖传言，乔布斯之所以把他的公司命名为苹果计算机公司，并不是为了纪念计算机科学家图灵自杀时服用涂有氰化钾的苹果，而是因为出版甲壳虫乐队唱片的公司叫苹果唱片公司——乔布斯希望自己创造的个人计算机能够像苹果唱片公司一样，生产出伟大的作品。

众所周知，甲壳虫乐队由约翰·列侬、林戈·斯塔尔、保罗·麦卡特尼和乔治·哈里森四人组成。但是不为众人所知的是，林戈·斯塔尔并不是最初的成员，他是在鼓手皮特·贝斯特退出后才加入乐队，成为这个伟大乐队一员的。

当时，皮特·贝斯特和乐队刚刚完成即将登上英国流行音乐单曲榜冠军位置的《Please Please Me》的录制，但他因为厌倦了太多的巡回演出而决定退出乐队,那是1962年。一年后,甲壳虫乐队成为了世界上最著名的乐队。

1994年,在贝斯特离开甲壳虫乐队32年之后,斯塔尔不经意说出了这段往事。于是记者在伦敦找到了贝斯特,他此时的身份是一个退休的税收人员。记者非常感兴趣的是:贝斯特这些年过得好吗?他是不是每时每刻都在后悔他当初离开乐队的决定?

面对记者的疑问,贝斯特回答道:"我比在披头士乐队更快乐!"记者简直不敢相信这是贝斯特的回答。更快乐?每个对甲壳虫乐队有哪怕一点认知的人都会认为,贝斯特并没有说真心话——他只是吃不到葡萄就说葡萄酸。没有人相信贝斯特是真的快乐。

我们可以想象贝斯特在得知甲壳虫乐队成为世界上最著名乐队时的心情,那一定是后悔和沮丧。没有人希望自己不快乐,贝斯特也不例外。

这个时候,当他想调节自己的情绪——成为一个快乐的人,他有三条途径。

第一,试着改变情绪。

我们可以尝试一下,激发我们的情绪,让我们极度快乐起来。可是并没有人能立刻感受到自己被幸福所包围。我们也可以尝试极度沮丧，但是同样也不会有人立刻变成抑郁症患者。情绪很难被自主控制，贝斯特也不能说一句"我想快乐起来"，就真的快乐了。

第二，改变已经发生的事情。

我们知道这不可能——贝斯特离开了乐队，就不可能让时光倒流，让一切再来一次。

事实上，世界上大家最希望能被发明的药，不是长生不老的药，而是后悔药。因为一旦事情已经发生，一旦损失已经造成，我们就对改变它无能为力了。

第三，重新评价已经发生的不幸的事情。

贝斯特做了一件事情，让他从懊悔之中快乐了起来，那就是改变对事情的看法，即重新评价已经发生的不幸的事情。

我们对一件事的评价在很大程度上取决于我们自己，因此，改变对事情的评价，就是人类控制情绪的方式。莎士比亚正是清楚地知道这一点，他才会借哈姆雷特之口说道："世上之事物本无好坏之分，只是思考使之如此。"

所以，贝斯特控制自己情绪的最好方法，就是不把离

"世上之事物本无好坏之分，只是思考使之如此。"

莎士比亚

1564年—1616年，英国文学史上最杰出的戏剧家、诗人，也是欧洲文艺复兴时期最重要、最伟大的作家。

开甲壳虫乐队当成是一个错误的决定。贝斯特的确是这样做的。他说："在你单身的时候，你可以毫无顾忌地从事音乐事业，但是你一旦结婚了，具有更高优先级的事情就会接踵而至。虽然公务员的薪酬不是特别高，但是只要你努力工作，你是可以得到晋升的。同时，公务员是稳定的和有保障的。"

哲学家托马斯·布朗把贝斯特这段话上升到了一个具有诗意的高度。在他的《一个医生的信仰》一书中，他写道：**"我是世上最幸福的人。因为我具有可以把贫穷转化为富足，将困苦转化为繁荣的能力！我比阿喀琉斯还要刀枪不入，因为我一直被幸运所青睐。"**

托马斯所说的这个能力，就是重新评价已经发生的事情，即改变对不幸事情的看法。

贝斯特具有这个能力，我们每个人也都具有这个能力，而且我们随时都在使用这个能力，只是我们不知道而已。

当高考没有考好时，当一生的挚爱舍我们而去时，当生意失败濒临破产时……我们通常认为这就是世界的末日。其实我们没有意识到，我们还可以从其他的角度来看这些不幸的事情。

对于贝斯特，他看到了一个温暖的家和一个不用四处奔波的工作；对于我们，我们可以从失败中看到成长的机会，可以从下坠的深渊看到反弹的高度。

我们都以为时间是疗伤的圣药，其实时间从来都不是，重新评价才是。因为没有吃到的葡萄，经过我们的重新评价，我们会相信，这些葡萄本身就是酸的。

形神一体：神不乱，则形不乱

吃不到葡萄就说葡萄酸，这不是自欺欺人吗？你可能会质疑，重新评价除了所谓的"掩盖失败，逃避不幸"还有什么价值呢？

上世纪70年代，美国心脏病专家弗雷德曼请家具商到医院修理破损的家具。家具商在修理家具时问弗雷德曼医生："你们的病人是不是都是急性子啊？"弗雷德曼医生问道："你为什么这么说呢？"家具商告诉他："我看椅子、沙发等家具的扶手都坏了，一定是病人们心里着急用手抓坏的。"这个偶然的发现让弗雷德曼医生开始关注心脏病与情绪的关系。

长期以来，医学界认为诱发心脏病的原因是高血压、血清胆固醇、吸烟等因素，但是这些因素对解释心脏病的发病原因力度不到50%。

弗雷德曼医生发现，85%的心血管疾病患者具有一些共同的性格特质和行为方式，他称之为A型人格。

具有A型人格的人通常雄心勃勃、争强好胜，对自己寄予极大的期望；为实现目标，苛求自己，不惜任何代价；把事业的成功作为评价人生价值的标准；整日忙忙碌碌，喜欢赶时间，没有耐心；具有很强的攻击性，很难处于放松状态。

心理学家怀特进一步研究发现，忘情地投入工作这一行为本身并不会引起心脏病，真正有害的是具有A型人格的人，长期生活在紧张的节奏中——其思想、信念、情感和行为模式会源源不断地对内产生紧张和压力,对外则产生敌意与愤怒以及富有攻击性的行为。

病理学的研究发现,A型人格能引起个体特殊的神经内分泌机制,使血液中的血脂蛋白成分改变,血清胆固醇和甘油三酯的浓度增加,最终导致冠状动脉硬化。

这个结果正好与中医的"形神一体"观念不谋而合。所谓的形,指的是我们的身体,而神指的是我们的精神。**所谓形不乱则神不乱,说的是只要身体好,那么精神就会好;而神不乱则形不乱,则是说只要精神好,身体也会健康。**

为了理解情绪控制与身体健康之间的关系,在我的实验室里,我们利用功能磁共振脑成像技术扫描了大学生的大脑。**我们发现,当一个人越能控制住自己的焦虑、愤怒以及冲动等负性情绪时,他的身体就越健康**,这一点证实了形神一体的理论。

更重要的是,我们发现,作为情感中枢的杏仁核是形神一体的核心所在。杏仁核在心理方面是情绪调节的中枢;而在生理方面,它关联着"下丘脑-垂体-肾上腺轴"和"交感神经-肾上腺髓质轴"这两条通路,而这两条通路跟我们的心血管系统、免疫系统和交感神经系统都有着密切的关系。

所以，当我们调节和控制情绪时，我们也在改善心血管系统和免疫系统。

所罗门王说："喜乐的心乃是良药，忧伤的灵使骨枯干。"所以，从不同的角度去重新评价失败与不幸，并不是为了掩盖失败、逃避不幸，而是化沮丧为反省，变愤怒为动力，为进一步成长创建积极的环境。

结语：
不妨也尝试跟着感觉走

"朝菌不知晦朔，蟪蛄不知春秋。"这句话出自庄子的《逍遥游》。蟪蛄是一种蝉，生于夏初而亡于夏末，所以不知春秋，因此被后人用来比喻见识短、不知天高地厚的人。

但庄子不知道的是，在蝉沐浴这个世界的光明之前，它已经在黑暗的地下生活很多年了。这是因为蝉的幼虫非常小而成虫体形相对来说非常巨大，因此需要较长的发育时间。为了避免天敌的侵害，于是蝉就演化出一个漫长而隐秘的生命周期。当蝉登上树丫高声鸣叫时，其实是对它在黑暗中无声无息谨慎生长，最终得见光明的淋漓尽致的宣泄。

Chapter I 认识自我：
我们一直活在对人性的最大误会中

人类从洞穴中走出后，修建了城堡，建立了规章法律秩序，一跃成为万物之灵，主宰着整个世界。而在这风光的背后，是我们对像动物一样自由自在的约束，对像火山一样喷发的情感与欲望的压抑。

理性之光驱走了原始的蒙昧，同时也压制了我们的感性。人类文明的进化史就是理性战胜感性的进化史。当哲学家康德写下："有两样东西，愈是经常和持久地思考它们，对它们日久弥新和不断增长之魅力以及崇敬之情就愈加充实着心灵：我头顶的星空，和我心中的道德律。"至此，人类对理性的痴迷、对感性的厌恶就达到了最高峰。而狂欢节上的恣意狂欢，只是像那些经历了无尽黑暗的蝉的短暂鸣叫声。

几乎所有的情感类精神病，如焦虑症、抑郁症等，追根溯源都是理性与感性的冲突。这背后，是对理性的过度宣扬和对感性的过度压抑。

但是，我们不应忘记大自然的智慧，不应屏蔽进化的成果。只有充分了解而不是回避我们的过去，接纳而不是割裂我们的历史，才会延续我们的文明，重新获得久违的幸福感。所以，在强调理性和逻辑的同时，我们不妨也试着跟着感觉走。

03
意识：理解人生之路

斯宾诺莎

自由意志只是一颗认为自己选择了飞行路线与落点的石头。

法国数学家拉普拉斯在 1814 年出版的《概率论》的导读中写道:"我们可以把宇宙现在的状态视为其过去的果以及未来的因。如果一个智者能知道某一刻所有自然运动的力和所有自然构成的物件的位置,假如他也能够对这些数据进行分析,那宇宙中最大的物体到最小的粒子的运动都会包含在一条简单公式中。对于智者来说没有事物是含糊的,而未来只会像过去一般出现在他面前。"

这里的智者被后世称为"拉普拉斯妖"。这段话的核心思想是:如果拉普拉斯妖知道宇宙中每个原子确切的位置和动量,它就能够使用物理定律来描述和预测宇宙事件的整个过程,过去、现在以及未来,无一遗漏。

在此基础上,哲学家们提出了一个更为大胆的假说:宇宙大爆炸决定论,即我们现在的一切在宇宙诞生的那一瞬间就已经被决定!

大约在 140 亿年前,宇宙由一个点爆炸而产生了我们现在的时空。在爆炸之前没有空间,没有时间,没有物理的规则;而当这爆炸产生之后,我们就有了各种物理规则和粒子的各种运动。

所以,在宇宙大爆炸的一瞬间,物理规则就定下来了,粒子的运动初始值也定下来了,那么宇宙作为一个系统,它的每一步都是可以推导的了。

也就是说，如果我们能够知道宇宙大爆炸的所有初始值，以及所有的规则和公式，那么我们就可以推导出从宇宙大爆炸到现在甚至到未来的每一个状态和每一件事情。

更通俗一点来说，我们现在所做的一切，包括我现在写下的每一个字，以及你将要看到的每一个字，其实在140亿年前宇宙大爆炸的那个瞬间就已经决定了。

既然我们每一刻的言语、思想、行动都是在宇宙大爆炸的那一瞬间就已经定下来了，我们哪里还有什么自由意志来决定我们自己的行为呢？那么我们的努力、我们的奋斗还有什么意义？

为什么会走神——
在绝大多数情况下，我们并不需要意识

潜伏于黑暗之中的是潜意识，而在光明之下的则是意识。我们每天所看到的、听到的、触摸到的——我们所感受到的一切，有如一条小河流淌过我们的心灵，构成了我们的主观体验之河。而意识便如同站在小桥上的人，观看着主观体验之河的流淌。

一只猫会有主观体验，对我们的抚摸会发出开心的咕噜咕噜声；但是猫可能不会有意识地认为，自己正在享受着人的抚摸。

所以，意识被认为是人所独有的，而意识的起源则被认为是人类的终极问题。但是对于这个终极问题，我们却没有科学的定义，这是因为意识是一种主观的体验，就像爱情、自由这样的主观体验是难以定义的。

这正如美国大法官斯图尔特谈到对淫秽的定义一样。他说："我不知道该如何定义它，但是当我看到它的时候，我就知道了。"

此外，意识并不是总在桥上——当我们陷入昏迷或者深度睡眠状态的时候，意识就从桥上走了下来。甚至在平时，

我们的意识也经常偷偷地从桥上溜下来,我们称之为走神;有趣的是,我们并不知道自己走神了。

我们可以做这么一个小实验来验证它。

EXPERIMENT

走神实验

随手拿起一本书开始阅读,如果发现自己走神了,那么就记录一下;或者每两分钟直接问一下自己:我走神了吗?

你会发现一个非常有趣的事实:在第二种情况下,我们会发现我们随时随地都在走神。而第一种情况就像我们想知道冰箱里的灯是否一直亮着一样——打开冰箱,我们会发现灯总是亮的——每次当我们试图觉察我们是否走神的时候,我们的意识就已经偷偷地回到了桥上。

我们之所以会走神,是因为在绝大多数情况下,我们并不需要意识。大脑中一个叫"前扣带回"的脑区(参见第36页的图),是我们人类身体与心理状态的监控者。当出现了意外,比如我们走路时踩进了一个坑,前扣带回就会发出警报并唤醒意识，让我们调整身体姿态避免摔倒。

这有如流水线上按照标准流程默默工作的工人一样，只有当机器出现了故障，工程师才会被叫到现场来解决问题。

哲学家怀特海曾把意识比作战场上起决定作用的骑兵。他说："文明的进步来自我们扩展了我们不需要思考的重复操作；而思考的操作正如战场上骑兵的冲锋一样——他们只有非常有限的人数，他们需要体力饱满的马匹，而且必须在关键时刻才被使用。"

的确，意识是一种有限的资源，只有在必要时才会在线。

我们的自由意志并不决定我们的行为

此外，意识还会有不同的层级，而最高级就是自由意志。匈牙利诗人裴多菲在《自由与爱情》一诗中写道："生命诚可贵，爱情价更高。若为自由故，二者皆可抛。"

事实上，裴多菲也正如他诗歌中所写的那样，为自由而献身了。在爆发于1848年的欧洲自由主义平民对抗君权独裁的战场上——当战火蔓延到了奥地利，裴多菲离开22岁的新婚妻子尤丽娅和1岁半的儿子，在瑟克什堡大血战中与沙俄军队作战时牺牲，年仅26岁。

裴多菲诗歌中所提到的**自由，就是意识的核心：自由意志**。因为我们有自由意志，所以我们能根据自己的意愿做出决定和行动。

在司法界，自由意志意味着个人在道义上要对自己的行为负责；在宗教领域，自由意志意味着不被"神"所掌控的个人意志和选择。

但是，随着科学的发展，随着对心理和意识认识的深化，越来越多的哲学家、心理学家和神经科学家逐渐意识到，自由意志并不自由，自由意志只是"一颗认为自己选择了飞行路线与落点的石头"（斯宾诺莎）。我们的自由意志只是一个副现象，即副产品，与我们的行为没有任何因果关系。

"荒谬！"你也许会说，"我的自由意志怎么可能是假象呢？我现在想举一下手，我的手就举起来了；我现在想喝一口水，于是我拿起了水杯喝了一口水。难道现在不是我在决定我的行为，难道我没有自由意志吗？"

心理学家说，所谓的自主的决定与选择，可能都是假象，都是错觉。

上世纪 60 年代中期，德国神经科学家科恩休伯和德克要求受试者根据自己的意愿动一下手指，即根据自己的自由意志来操控自己的行为。他们发现在动手指前 500~800 毫秒，大脑的运动皮层都会出现神经元放电的活动。神经科学家们非常兴奋，认为这个电活动就是我们自由意志的神经学基础，他们称之为"准备电位"。

为了进一步验证准备电位和自由意志的关系，心理学家李贝特在上世纪 80 年代设计了一个更为精细的实验，来记录当受试者想动手指到手指运动这个过程的两个关键时间点——时间 1 和时间 2。

EXPERIMENT

动动手指实验

在实验中，受试者需要盯着一个钟表，钟表的外面有一个圆点在围着钟转动。被试者可以自己决定什么时候动手指，但他们必须记录下当他们意识到自己产生动手指的念头时，圆点与钟表的相对位置，这个时间点就是时间 1（受试者想动手指的时间，也就是自由意志产生的时间）。而时间 2 就是准备电位出现的时间。

实验结果让人惊讶。首先，准备电位在真正动手指之前的 535 毫秒就产生了（时间 2:-535 毫秒）；

> 而当我们产生想动手指的时间，却仅仅早于真正动手指时间204毫秒（时间1:-204毫秒）。换而言之，当大脑产生了一个准备动手指的准备电位后，需要再过大约300毫秒，我们才会有动手指这个想法。即我的大脑先产生了一个电活动，它决定了我要动一下手指，然后又过了300毫秒，我的自由意志才意识到，我想动一下手指。

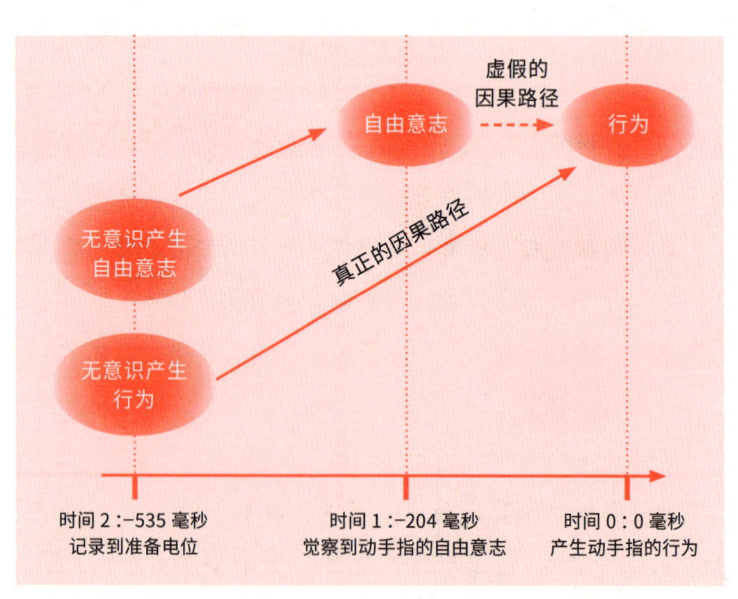

自由意志的产生：所谓的自主的决定与选择，可能都是假象，都是错觉。

李贝特总结道，就自身动作而言，人类是没有自由意志可言的。

请想象一下我们现在正坐在汽车的副驾驶座上。当我们看见驾驶员把方向盘向左转，于是我们就说，这辆车会向左转弯，结果车就真的向左转弯了。显然，我们不能说，是我们控制了车的行驶方向，因为我们清楚地知道我们只是坐在副驾驶座上的旁观者而已。

类似的事情也发生在自由意志上。在我们动手指之前，我们的潜意识会发出两个信号：一个信号让手指运动；而另一个信号发给了我们的意识，通知我们的意识，手指就要动一下了。当我们得知动手指早于手指的真正运动，我们就会产生一个错觉，认为是自由意志决定了我们的行动。

事实上，自由意志并没有决定我们的行动，它只是一个旁观者，一个站在桥上看着经验之河流淌的旁观者。爱因斯坦说："我始终相信，上帝是不会掷骰子的。"

一切皆是定数。

意识让我们爱上自己

在我们的一生中,有一个最大的确定和一个最大的不确定:我们知道我们一定会死,古往今来,无一例外;但是,我们不知道我们什么时候会以什么方式死去。

正是在这最大的确定与最大的不确定之间,我们奋力向前,活好每一天。

但是,如果一切都已经注定,那么我们努力还有什么意义?

雄孔雀的靓丽尾巴也许给了我们一个答案。

达尔文以"适者生存"为核心的进化论为他在全世界赢得了无比崇高的声誉,但是在他的晚年,他却遇到了一个终极的困扰——雄孔雀那造型夸张、华而不实、虚而无用的尾巴。

在自然界中,并不缺乏具有亮丽色彩的动物,但是它们多半有毒,亮丽的色彩是明白无误的警告——离我远点,否则你会被毒死。而那些没毒的动物则用亮丽的色彩来模仿那些有毒的物种,混淆视听。但是,雄孔雀的尾巴则不具备以上任何一种功能——它只有一个功能,那就是炫耀。

一个会消耗极大能量又不便于行动以逃避天敌的巨大无用的尾巴，在"适者生存"的进化论看来，只能是累赘，完全不符合物竞天择的自然选择理论，所以达尔文哀叹道："只要一想到雄孔雀的尾巴，我就反胃。"

也许是同时期的裴多菲的"生命诚可贵，爱情价更高"的诗句启发了达尔文，在 1871 年出版的《人类的由来及性选择》一书中，达尔文给自然选择理论打了一个非常重要的补丁，那就是性选择理论。

达尔文认为，雄孔雀那明显与生存无关甚至危害生存的尾巴，是雄孔雀的第二性征。雄狮的鬃毛、雄鹿的角，以及男人的胡须与低沉的声音，女人的乳房与丰腴的皮下脂肪，也都是第二性征。它们与生存无关，但是它们却像磁铁的南极和北极，深深地吸引着异性。

这是因为生命的本质不仅仅是生存，还需要繁衍后代，让生命不停地流动。正如科学研究发现，如果将雄性动物阉割，的确能改善它们的健康状况，显著提高它们的平均寿命，可是又有谁愿意像太监一样生存呢？

所以，雄孔雀的尾巴，不需要有任何实际的功能，它只是为了炫耀，为了吸引配偶，为了"爱情"。

达尔文说，雄性孔雀花哨的尾巴并不能让它飞得更高，但会让它在雌孔雀的眼里更有魅力。弗洛伊德进一步诠释：艺术的重要功能之一，是为了让观赏者爱上艺术家。

而自由意志，则是我们精神世界里的雄孔雀尾巴——它让我们爱上我们自己。

意识不是用来做选择，而是用来理解选择的

在电影《黑客帝国》中有这么一段对话。

先知拿出一颗糖问尼奥："你要吃这颗糖吗？"

尼奥回答道："你是先知，你已经知道了我会吃或者不会吃这颗糖，那么我的选择还有什么意义？"

先知回答了一句非常深刻的话，她说："你到我这里来，并不是来做选择，因为你的选择已经做了；你到我这里来，只是来理解你的选择。"

曾经有一位朋友向我求助，说他碰到了选择困难。有两个女孩，燕瘦环肥，他不知道应该选择谁作为他的女朋友。

我告诉他，可以通过抛硬币来做选择：硬币的正面代表女孩 A，反面代表女孩 B。如果正面朝上，选女孩 A；如果反面朝上，选女孩 B。

我的朋友将信将疑地看着我抛起了硬币。我说，你猜现在被我的手盖住的硬币是正面朝上呢，还是反面朝上？

我的朋友脱口而出，反面朝上。于是我说："你心仪的女孩是硬币反面所代表的女孩 B。硬币的哪一面朝上，这是随机的，但是你脱口而出的猜测，表达的是你潜意识的决定。你现在需要做的，是去理解为什么你要选择女孩 B 作为你的女朋友。"

的确，我们的潜意识早已做了决定，只是我们不知道这个选择是什么而已；而我们的自由意志，则是来帮助我们理解为什么我们要做这个决定。

自由意志，就像在画廊中欣赏艺术作品的游客，他要做的就是理解艺术家的情感与动机，只不过这个所谓的艺术家就是自己的大脑。

我们每个人来到这个世上，都有着自己注定要完成的使命；但是，我们并不知道我们的使命是什么。所以，我们需要在前进的路上，不断地去反思，不停地去理解。只有当我们明白了我们的使命，明白了我们奋斗的意义，我们才不会在众多的岔路中迷失方向，才会走得更加坚定。

只有明确使命，明确行动的价值，我们才能拥有真正的存在感，才能从生活艰辛和心志摧残中发现愉悦，才能在困苦、迷惘和挣扎中保持自尊、自信。更重要的是，只有如此，我们才能在人生最大的确定性与最大的不确定性的挤压中生存并超越死亡。

乔布斯说："没有人愿意死，即使想上天堂，人们也不会为了去那里而死。但是死亡是我们每个人共同的终点，没有人能逃脱它。事情本该如此，**因为死亡就是生命最好的一个发明。它促动生命的变革，推陈出新。**"

虽然自由意志只是潜意识的副产品，并不能决定我们的行为，但是我们还是如此珍惜它。这是因为自由意志让我们爱上自己。一旦我们不再爱自己、爱他人、爱这个世界，那么我们就会对自己最珍爱的对象——理想中的我进行攻击，这个时候，我们就陷入了无边的黑暗——抑郁。

结语：
理解人生之路，然后迈步向前

美国心理学之父威廉·詹姆斯曾被问及，他是如何看待

Chapter 1 　认识自我：
我们一直活在对人性的最大误会中

"只有回顾人生，我们才能领悟人生的意义；但是无论如何，我们都要迈步向前！"

克尔凯郭尔
1813年—1855年，丹麦宗教哲学心理学家，现代存在主义哲学创始人，后现代主义的先驱，也是现代人本心理学的先驱。

自由意志的。詹姆斯并没有直接回答，只是讲了罗密欧与朱丽叶的爱情故事。

他说，罗密欧想要朱丽叶就像铁屑想要磁铁一样。如果他们之间没有任何阻隔，他会奔向她，如同铁屑与磁铁相吸，迅如直线。但是如果他们之间有一堵墙，罗密欧与朱丽叶却不会像铁屑和磁铁一样，非常愚蠢地把脸贴在墙的两侧。

对于铁屑和磁铁而言，路径是注定的，而结局如何全靠偶然；但是对于一对恋人而言，路径曲折也罢，阻隔重重也罢，相逢在一起，相爱在一起，是他们注定的结局。

所以，我们的未来真的是注定的么？自由意志真的只是副产品么？我们不知道，也可以不需要知道。因为正如**丹麦哲学家克尔凯郭尔**所说："只有回顾人生，我们才能领悟人生的意义；但是无论如何，我们都要迈步向前！"

04

自我的成长：
我的过去、现在和未来

埃里克森

形成一个不可分割的自我，是一段极其崎岖而又漫长的路。在不同的成长阶段，我们会遇到有关自我发展的一系列重大问题。

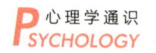

古罗马帝国时代的希腊哲学家普鲁塔克提出过一个著名的悖论：忒修斯之船。

忒修斯建造的船被雅典人留下来做纪念。随着时间的流逝，建造船的木材逐渐腐朽，于是雅典人便用新的木材来替代这些腐朽的木材。最后，忒修斯建造的船的每根木头都被换过了。

普鲁塔克问："这艘船还是原本的那艘忒修斯之船吗？如果是，它已经没有最初的任何一根木头了；如果不是，那它是从什么时候不是的？"

其实我们每个人都像忒修斯之船一样，从出生的那天开始，我们无时无刻不在进行着新陈代谢——旧的细胞不断死亡，而新的细胞不断产生。那么，现在的我与三岁时候的我是同一个人吗？

如果50年后，我们能将自己的细胞逐一替换成电子元件，最后变成一个百分之百的电子人，那时候的我又和现在的我一样吗？那时候的我对家人和朋友还有爱吗，家人和朋友还会爱我吗？

"我是谁""我从什么地方来""我将要到什么地方去"，便是关于自我的终极三问。

自我：一个不可分割的我

在英文里，"个体"（individual）是由两个词根组成的：in-+divid-。词根 divid- 来自 divide，即"可分"。感到疼痛的我，饿了想吃饭的我，想起朋友的我……虽然每件事中都有一个"我"，但是这些"我"是相对分离的——由大脑不同的功能区来承载这些相互独立的"我"，而每个"我"则代表着思维中的一个模块。从出生到童年，众多的"我"各行其是，各显神通。

词根 in- 则表示否定，于是它与词根 divid- 结合起来便是"不可分"。在我们的一生中，由于身体与世界的不断互动，来自不同思维模块的信息不断整合，以便实现更高效的沟通和更有效的行为。于是，原先分离的模块逐渐融合成一个既相对独立又不可分的统一体或整体，即"自我"。

形成一个不可分割的自我，是一段极其崎岖而又漫长的路。根据心理学家埃里克森的"自我同一性"理论，在不同的成长阶段，我们会遇到有关自我发展的一系列重大问题。

0–1.5 岁时，是否得到爱的照料，需要是否得到满足，啼哭是否得到回应，是"我"与这个世界建立信任的基础。

1.5–3 岁时,"我"开始尝试寻找与外界的关联:"我能做什么?""哪些东西是我能控制的?又是什么样的东西在控制着我?"个体究竟是天生的领袖还是羞怯的追随者在此分道。

3–6 岁时,"我"的内心则交织着雄心壮志与内疚自责,因为在这一阶段,个体开始模仿成人,试图承担自己能力所不及的责任。

6–12 岁时进入学龄期,"我"开始与同学结伴,同时又与他们竞争。此时,一个不可分的自我开始萌芽——"我"逐渐意识到自己是一个独特的个体:虽可与他人共同完成任务,但我亦可自成一体。

12–18 岁是自我形成的关键期。单一的情绪被快乐、心动、迷惘、忧伤和孤独的混合体取代。这个时期,个体因为渴望独立而开始反叛,因为想掌控命运而激进张扬。"我是谁"是这个角色混乱时期的核心主题。

18–25 岁时,个体从对"我"的关注,转换为对"我们"的关注。一方面,"我"试图通过建立亲密关系以对抗孤独;而另一方面,爱意味着"我"要把对自我的控制交付于另一方,而屈服、怀疑、背叛又让"我"重新审视单人世界。

25–60岁,性与爱的激情慢慢消退,取而代之的是建立家庭、养育后代的责任。这一时期,"我"试图将早期的自我与新一代的自我通过传承融为一体,早期试图改变世界的雄心壮志逐渐趋于现实化、平庸化。

个体从最具活力同时又最迷惘的青年,逐步成为似乎对一切都了如指掌、波澜不惊却已开始衰老的中年人,而"老骥伏枥,志在千里;烈士暮年,壮心不已"的豪迈气概或许也只能在梦中出现了。

60岁以后(成人后期),既是回顾,也是展望。宇宙万物皆有始终,一旦开始了,就必然有结束的那一天,正如忒修斯之船最终必然变成尘埃。

但是,只有具有自我的人类,才能从短暂、脆弱的生命中寻找价值与幸福感。

这是因为,自我不受限于承载它的肉体,而能够超越肉体的局限以延展人性,获得生命的永恒。所以,"我"将回顾一生是否充实与完善,由此超越死亡。

所以,现在的我是由童年的我发展而来的,还会继续成长为将来的我，但我终将还是我。于是，自我将过去、现在和未来融为一体，形成一个不可分割的"我"。虽万物今是而昨非，但昨日之我亦是今日之我。

自恋中的无知

自我形成的前提，是对"我"要有充分和准确的认知。古希腊人已经清楚地意识到这一点了，所以他们在德尔菲的阿波罗神庙的柱子上刻了这么一句箴言："认识自己。"

认识自己，这不是要成为一个心理学家所需要的专业要求，而是我们每一个人在这个世界上都需要完成的终极任务。因为在这个世界上，没有任何一件事情，没有任何一个物体，比"我"更重要。

因此，我们极度关注自己，这种关注甚至在某种程度上可以称之为自恋。

古希腊神话中有一个叫纳西索斯的美少年，他拒绝了美丽的林间仙子伊可的示爱，只是因为他更喜欢自己。他总是趴在水边看自己在水面上的倒影，日复一日，年复一年，纳西索斯爱上了自己的倒影，最终变成了生长在水边的水仙花。此后，纳西索斯就变成了自恋的同义词。

卡拉瓦乔的《水仙》

这幅画还原了美少年纳西索斯爱上自己在水中的倒影的场景。我们极度关注自己,这种关注甚至在某种程度上可以称之为自恋。

在我们每个人身上,都或多或少有着纳西索斯的影子。

遗憾的是,虽然我们关注自己,但是我们对自己的认识却存在极大的误差。正如尼采所说:"离每个人最远的,就是他自己。"

"离每个人最远的,就是他自己。"

尼采

1844 年—1900 年,德国哲学家、语言学家、诗人、思想家,被认为是西方现代哲学的开创者。

如果你的面前同时摆着梵高的《向日葵》和《鸢尾花》，当我问出"你更喜欢哪一幅"的问题时，你必然会在给出答案前先仔细观察两幅画，细心比较它们的差异，体验它们的意境。

但是在你做出选择之前，完全不认识你的心理学家就已经知道你的选择了：你更可能会选择放在右边的那幅画。原因非常简单，大部分人是右利手，而右利手的人更习惯拿起放在右边的东西，而不是放在左边的东西。这也是在日常生活中，那些价格高的商品通常会被放在顾客右手容易触碰到的地方，而那些便宜的商品一般会被放在货架的左边。

我们以为自己是在根据我们的美学素养来做出理性的判断，但实际上，真正影响我们决定的可能只是一个与艺术毫无关系的因素——右利手。

具身认知：因为微笑，所以开心

当我们向内探索，试图通过洞察内心来审视决策的原因、思维的过程以及行为的动机时，很大程度上我们其实只是在通过自己的行为、表情、动作和生理状态等外在的线索，来推测深埋在潜意识之中难以被意识捕捉到的心理状态。

EXPERIMENT

咬铅笔实验

心理学家让受试者给卡通图片的幽默程度打分的实验。

参加实验的受试者被随机分成两组：一组用嘴唇含住笔的末端，笔尖向前，注意不要让笔碰到牙齿；另一组则用牙齿咬住笔的中间，笔尖和笔尾在嘴唇的两边，注意不要让嘴唇碰到这支笔。

显然，不论是用嘴唇含住笔，还是用牙齿咬住笔，都与判断这些卡通图片是否滑稽好笑没有任何关系。

但实验结果表明，那些用牙齿咬住笔的人，会认为这些卡通图片更好笑、更有趣；而那些用嘴唇含住笔的人，则会认为这些卡通图片缺乏笑点。

为什么会出现这样的结果呢？因为用嘴唇含着一支笔的时候，嘴唇是噘起来的——嘴唇噘起来通常是生气、不高兴时的表情。而用牙齿咬住一支笔的时候，刚好是一个微笑的表情。

Chapter 1　认识自我：
我们一直活在对人性的最大误会中

用嘴唇含住笔和用牙齿咬住笔

所以，卡通图片好不好笑，我们并非在用逻辑来进行判断，而是通过观察自己的表情来做判断。这个现象被称为"具身认知"，即我们用生理体验激活心理感受。因为开心，所以微笑；同样，因为微笑，所以开心。

当我们通过观察表情、生理状态等去推测内心状态而不自知时，对自己认知的偏差就必然难以避免。更糟糕的是，我们往往因为过度聚焦自己，而把这种偏差进一步扩大。

比如，一对吵着要离婚的夫妻，正在为谁为家里做出的贡献更大而争论不休。显然，夫妻俩肯定有一方在某些事情上做得多一些，而另一方则在其他事情上会多付出一些。但

83

是如果把这对夫妻各自估算的比例加起来，这个数字一定会超过百分之百，可能是120%，甚至更多。显然，有人高估了自己的贡献，而更大的可能是两个人都高估了自己的贡献。

对自我的聚焦，不仅会夸大我们的贡献，夸大我们的感受，同时也会让自我陷于更深的迷雾中，从而难以认清真正的自己。

所以当一个人抱怨：为什么恋爱又失败了？为什么领导总是不满意我的工作进度？为什么朋友不愿意邀请我参加聚会？这时，对这个人而言，每一个失败和挫折都似乎有其独特的原因，各不相同；但在旁观者眼里却只有一个共同的原因——一个大家都看见的问题，而自己却一无所知。

正所谓：当局者迷，旁观者清。

约哈里之窗：
通往认识自我的窗户

"约哈里之窗"是心理学家卢夫特与英汉姆在上世纪50年代提出的一种认识自我的方式，被广泛应用于心理咨询与治疗、个人成长与团队建设等多个领域。

约哈里之窗是一个隐喻：想象一下，现在有一间屋子，我们所有的行为举止、思想动机都在这间屋子里展示。这间屋子有四扇窗户，但是从每一扇窗看见的内容都是不一样的。而这些窗户，就被称为约哈里之窗。

第一扇窗的内容是人人都能看见的，被称为"开放我"或者"公众我"，是自己清楚别人也知道的"我"。

比如我的性别、外貌，以及其他可以公开的信息，包括婚姻、职业、能力、爱好、特长、成就等。

"开放我"是个体自我最基本的信息，是了解自我、评价自我的基本依据。它的大小取决于自我开放的程度、个性张扬的力度、人际交往的广度、他人的关注度、开放信息的利害关系等，是自我的自由活动领域。

如果说"开放我"是自我的正面，那么第二扇窗看见的就是自我的背面，被称为"盲目我"。

"盲目我"是自己不知道而别人却知道的内容，所谓当局者迷，旁观者清，说的就是"盲目我"。比如，我们不经意的行为习惯，固有的思维模式，甚至一些我们不自知的优点；而当别人把这些告诉我们时，我们或惊讶，或怀疑，或辩解。

"盲目我"的大小与自我观察、自我反省的能力有关——内省特质比较强的人，盲点比较少，所以"盲目我"比较小。

第三扇窗的内容只有自己能看见，是属于自我逃避和隐藏的领域，被称为"隐藏我"或者"隐私我"。

在这里，只有自己知道而别人不知道，比如往事、痛苦、窃喜、愧疚、尴尬、欲望等这些不愿意或不能让别人知道的事实或想法。适度地内敛和自我隐藏，能够为自我保留一个私密的空间，是形成安全感的需要。但是"隐藏我"太大，就如同筑起了一座封闭的心灵城堡，无法与外界进行真实、有效的交流，容易导致误解和曲解，同时也会压抑自我。

最后一扇窗的内容则隐藏在迷雾之中，是"未知我"或"潜在我"，是自己和别人都不知道的自我。

对"未知我"的探索和开发，需要做好"未知我"可能颠覆"已知我"的准备，需要有接纳失败、继续前行的勇气，需要有对未来的渴望和对成长的信仰。因为潜在的、尚未有机会展现的能力和特质，是隐藏在海水之下冰山里的巨大而又被忽视的能量。由此，才能更好地认识自我、激励自我、发展自我，最终超越自我。

自我的形成与成长的过程，便是"开放我""盲目我""隐藏我"和"未知我"这四个"我"分离与融合、合作与博弈的过程。

成长：从心所欲，不逾矩

请从下面的形容词列表中，挑选出最能描述你特点的六个词：

能干　友善　勇敢　沉着　体贴　快乐　灵巧
费解　自信　可靠　外向　友好　内向　善良
空想　独立　成熟　谦虚　焦虑　安静　放松
虔诚　害羞　愚蠢　紧张　热情　风趣
有才智　有耐心　强有力　有主见　可信任
适应性强　自尊心强　精力充沛　慷慨大方
深思熟虑　反应敏捷　局促不安　切合实际
多愁善感　有同情心　乐于助人　知识渊博
逻辑性强　常心血来潮　观察力敏锐

然后请你将这些形容词发给你的朋友、同事、家人，请他们也从这些词里挑选出最能描述他们眼中的你的词，然后发回给你。

如果你对自己的评价与别人对你的评价重叠率很低，甚至不重叠，那么你不妨试着看一看你的自我的背面（盲目我）——因为它与你的想象真的不一样。

如果真是这样，我们该怎么办？

约哈里之窗的提出者之一卢夫特，提出了通过"自我给予"或者"他人反馈"来解决这个不一致。

所谓自我给予就是通过缩小私人领域、扩大公众领域来消除人与人之间因为认知的差异带来的误解，比如通过向他人讲述"隐藏我"中的部分内容，即坦诚相待。

而他人反馈并不仅仅是倾听他人的意见，而是像日本服装设计大师山本耀司所说的碰撞："'自己'这个东西是看不见的，撞上一些别的什么，反弹回来，才会了解'自己'。所以，跟很强的东西、可怕的东西、水准很高的东西相碰撞，然后才知道'自己'是什么，这才是自我。"

但是，并不是自己对自己的评价与别人对自己的评价重叠度越高越好；相反，如果重叠度太高，我们可能反而会失去自我，把父母、群体、宗教等他人的目标、价值观和生活方式当成自己遵循的一切。

的确，尊重权威，与权威保持密切的关系，采纳权威的价值观，或是过着有组织、有秩序的生活，能减少忧虑，不用面对矛盾，也不需要苦思冥想自己究竟是什么样的人、想成为什么样的人。可是，**自我的核心就在于独立之人格，自由之精神。成熟的自我，就必然是孤独的。**

Chapter 1 认识自我：
我们一直活在对人性的最大误会中

埃里克森说，如果在青年阶段能够发展出积极的自我，那么我们就能形成"忠诚的美德"。这里所说的"忠诚"，是对自己的忠诚——不为别人而活，不为教条所限，追随自己的心灵；在一个不完善和不和谐的世界里，找到自己的位置，接纳这个世界，然后实现自己的价值，在向社会做出贡献的同时也感受自己存在的意义。

孔子云："从心所欲，不逾矩。"

"从心所欲，不逾矩。"

孔子
公元前 551 年—公元前 479 年，中国古代思想家、教育家，儒家学派创始人，被后世尊为孔圣人、至圣、至圣先师、万世师表。

结语：随性，随喜，随缘

在我们的一生中，会发生很多事情。有些事，我们不必去记住，比如今天早上是先刷的牙，还是先吃的饭；有些事，我们则必须努力去记住，比如一个数学公式，一个重要的会议，一场难忘的聚会；而还有一些事，我们不仅不要去记住，还要试图去忘记，比如羞辱的经历与创伤的情感，因为它们触动了我们心中的敏感点。

心理学家荣格用自我来称呼意识，尽管自我与知觉、记忆、思维和情感等相比，只在全部心理的总和中占据非常小的一部分，但它却是心理世界的门卫，守卫着可觉知的心理世界的大门。

一种观念、一份情感、一段记忆，当它们不被自我所承认时，就不会进入意识，成为我们心理世界的一部分。由此，挑剔而严苛的自我保证了我们的同一性和连续性，因此忒修斯之船在时间之河中，才会自始至终都是忒修斯之船。否则，一旦自我崩溃，便奏响了精神分裂的序曲。

但是在某一刻，也许只是风吹过树梢，也许只是夕阳照在路牌上，刹那间时间停止，很多我们似乎已经彻底忘记了的事物在脑海里穿梭而过，没有狂喜，亦没有恐惧，只有一片祥宁。

荣格说，每个人都是不同的，而人们个性化的发生与成长是自然而然的，就像不同的种子最终开出的将是不同的花朵。

对此我们无须纠结，只需像佛陀释迦牟尼所说的那样：随性，随喜，随缘。

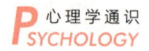

● **本章结语**

快乐并不可耻，
快乐才是生活的真正目标

　　在理性主义代表人物笛卡尔的眼中，肉体不过是心灵暂栖之所，是惰性的、被动的和机械的皮囊，所以我们应当抛弃肉体的欲望，而追求纯粹的理性。

　　但是在这一章中，我们看到了本我被压制的恶果，得知自由意志只是潜意识的副产品，更惊讶于原本熟悉的自我事实上却笼罩在阴影之中。

　　其实，人性的阴影，来自对理性的过度宣扬。

　　的确，隐藏在黑暗之中的潜意识与感性虽然是进化的遗留物，但是与后来发展出来的理性相比，它们是更为基本和本原的存在，它的构造方式影响了我们怎样认识世界。

　　天文物理学家布兰登·卡特在1973年纪念哥白尼诞辰500周年的大会上提出了"人择宇宙学原理"，即正是因为人类的存在，才能解释我们这个宇宙的种种特性，包括各个基本自然常数。

因为，宇宙若不是这样，就不会有人类这样的智慧生命来研究它。所以，只有洞悉自我，接纳自我，而不是压制自我，才能理解自然与宇宙的法则。

尼采说"上帝已死"，宣布了纯理性之死——理性并非人类的一切，对理性的重视，并非意味着要把对激情、情感与信仰等精神世界的绝对控制权都交给理性。

弗洛伊德更进一步，让感性挣脱了理性的枷锁，重现了它应有的肉感、野性和力量。

快乐并不可耻，相反，人生乃是一场狂欢，快乐才是生活的真正目标。这背后的哲学是活在当下，热爱生活。而这一切，需要的是潜意识与意识握手言和，感性与理性水乳交融，让人类重回精神世界的中心。

在下一章，我们将了解如何重新掌控人生，成为我们精神世界的主人。

参考书：

01 **潜意识与意识的冲突**：弗洛伊德，《梦的解析》；弗洛伊德，《列奥纳多·达·芬奇与他童年的记忆》

02 **感性**：戈尔曼，《情商：为什么它比智商更重要》

03 **意识**：达尔文，《人类的由来及性选择》

04 **自我的成长**：埃里克森，《童年期与社会》

GENERAL PSYCHOLOGY

Chapter 2

掌控自我：
拥有一个不打折的人生

无意识与意识的冲突，感性与理性的战争，自我的融合与分裂，贯穿在我们整个人生的挫折与迷失之中，是宣泄还是压制？我们究竟应该如何掌控自我？

序言 PREFACE

不打折的人生：
没有任何一个人希望自己活得短一点

当我们打开购物网站时，各种打折信息迎面扑来——商品打折、飞机票打折、房价打折……我们已经习惯了一个打折的人生。但是至少有一样东西是我们不希望打折的，那就是我们的寿命。

《黄帝内经》里说："尽终其天年，度百岁乃去。"天年，即上天给予每个人的寿命，等于两个甲子，即120岁。但是，活到120岁是很难的，所以上天也给我们的寿命打了一个折。

打九折是108岁，我们称之为"茶寿"。之所以叫茶寿，是因为茶的草字头可以拆解成两个"十"字，而草字头之下则是八十八，加起来刚好108岁。如果打八折，即98岁，则称为高寿。庆祝完高寿的老人，就可以互相祝贺，"相期以茶"。

打七折与打六折则分别对应84岁和72岁。孟子84岁去世，而孔子73岁去世，既然圣人都难以迈过这两个坎，那么对普通人来说就更难迈过，所以才有了"七十三、八十四，阎王不请自己去"的说法。

如果打了五折，那就不能称之为"寿"了，因为此时寿命还未满一个甲子。因此，在古代未满60岁就离世的，称之为夭折。

没有任何一个人希望自己活得短一点，除非他正经历着重度抑郁症。那么，我们如何才能拥有一个不打折的人生？

首先，我们的寿命与遗传有关系。如果我们家族谱系中长寿的亲戚越多，那么我们拥有长寿基因的可能性就越大。来自波士顿大学医学院的研究表明，百岁寿星的直系亲属有极大的概率活到90岁以上。

特别是，母亲对孩子寿命的影响，要大于父亲对孩子的影响，这是因为细胞中的线粒体基因有很多位点与长寿有关，而孩子的线粒体只能来自母亲。

除了我们不能掌控的遗传因素，生活与行为习惯也会影响我们的寿命，比如肥胖、吸烟、喝酒、不良的作息习惯等。但是，还有一点非常重要但又长期被人们忽略的，那就是心理因素与寿命的关系。

在第一章，我们看到，那些雄心勃勃、争强好胜的人的愤怒与敌意不仅摧毁了别人，同时也摧毁了他们的心脏——

这类人更容易患上心脑血管疾病。

我们都知道，心脑血管疾病是导致死亡的第一大疾病，仅仅在2016年，全球因为心脑血管疾病死亡的人数就高达1760万。

如果我们压制自己的愤怒情绪，不让它发泄出来呢？

来自美国约翰霍普金斯大学的研究表明：乳腺癌长期幸存者，相对于那些没有存活下来的患者来说，她们内心有更多的愤怒、更强的敌意。

这表明，能够表达自己负面情感的人比那些压抑情感的人活得更长。

事实上，抑制愤怒会扰乱神经内分泌系统，导致特别是与免疫系统相关的疾病，如类风湿性关节炎、感染和癌症。而癌症，是导致死亡的第二大疾病。

无意识与意识的冲突，感性与理性的战争，自我的融合与分裂，贯穿在我们整个人生的挫折与迷失之中；宣泄还是压制，这是一个问题。

我们究竟应该如何掌控自我，从此拥有一个幸福而不打折的人生呢？

05

控制：
做自己人生的主人

塞利格曼

无助、沮丧、不能控制自己生活的人更容易生病，他们对世界的看法更为悲观，总是觉得最糟糕的结果会发生，认定除了放弃别无他法。

比尔·盖茨于1955年出生，今年（2019年）已经64岁。他在40岁的时候就已经成为世界首富，今年仍以965亿美元的财富位居福布斯全球亿万富豪榜第2名。

除了巨额财富之外，比尔·盖茨还有一个特点，那就是工作狂。2008年，比尔·盖茨宣布退休，但他仍然担任着微软董事长；2014年，盖茨不再担任董事长，但是他仍然保留了技术顾问的头衔；甚至在2017年，他还申请并当选为中国工程院外籍院士。

比尔·盖茨在很年轻的时候就已经获得了财务自由——他所积累的财富，已经远远超过了他一生花费所需的财富。也就是说，他现在的工作已经不再是为了挣钱，而是在为社会的发展做贡献。

为什么他没有离开繁忙的工作，去享受休闲的生活？

事实上，像比尔·盖茨这样的人不在少数。无论是在政界、商界还是学界，特别是那些地位高、影响力大、学识渊博的人，都不愿意退休；甚至不给钱，都愿意在自己的岗位上工作到最后一刻。为什么？

也许他们就是热爱工作，追求生命的价值，有服务社会的公益心。但是，心理学历史上一个著名的实验揭示了在这背后还有一个更深层次的原因，由此启发我们重新思考人生：如何获得一个幸福的、不打折的人生。

掌控是真正的长寿之道

心理学家去了一家临终关怀的养老院,拜访已经迈上生命最后一段行程的老人们。拜访结束时,心理学家给每位老人送了一盆植物作为礼物。在这个研究中,老人们被随机分成了两组。

> **EXPERIMENT 掌控感实验**
>
> 对其中一组老人,心理学家说:"老人家,我走了,这盆植物送给你。你不用管它,护士每天会给它浇水,你只负责欣赏就好了。"
>
> 而对另外一组老人,心理学家也是拿出同样的一盆植物,然后说:"老人家,我走了,这盆植物送给你,但是你需要给这盆植物浇水;如果你不浇水的话,这盆植物就会死掉。"
>
> 也就是说,对于第一组老人,这盆植物的生或者死是由护士决定;而对于第二组老人,这盆植物的生或者死是由老人决定。就这么一个细微的差别。
>
> 一年之后,心理学家再次来到这家临终关怀的养老院,发现两组老人中都有一些人已经离世。其

> 中，由护士来负责浇水、照看植物的那组老人，他们的死亡率是30%，和有没有送植物没有任何区别。的确，我们不可能指望送一盆植物，老人就会活得更长久一些。
>
> 但是，奇迹发生在自己能掌控植物生死的那组老人身上。这组老人的死亡率从30%下降到了15%。是的，老人们的死亡率降低了整整一半！

当这个实验结果被发表出来后，大家纷纷质疑这个研究——对一盆植物生死的控制，这是多么琐碎而又毫无意义的事情，真的会有这么大的作用甚至能够影响一个人的寿命吗？如果这是真的，世界上难道还有比这个更加有效、更加容易实施的灵丹妙药，能够将死亡率降低一半？

带着质疑，心理学家在不同国家、不同社会文化、不同种族和不同地区都进行了类似的实验，而最终的结果都一致——**只要拥有掌控感，寿命就会更长，哪怕只是掌控一盆植物的生死。**

请想象一下，相对于对一盆植物的控制感，一个人的控制感如果更加真实、更加宏大，那么能给他的寿命带来的收益又将是多么的巨大呢？

当富可敌国的盖茨们不辞辛劳地走进办公室去经营他们的王国的时候，在他们的眼中，金钱已经只是一个游戏，一个让他们拥有操控感的游戏。在他们的心中，只有一个想法，那就是将这种掌控感保留下去，直到生命的最后一刻。

谈到长寿，生物学家会说促成长寿的基因，医生会说医疗手段的进步，营养学家会说饮食平衡、不吸烟、少喝酒……但是这些因素，都远不如控制感对我们寿命的影响。这是因为"控制"二字，贯穿了我们人生的全部。

人的一生，唯控制二字

在儿童期，"我"开始学习怎么来改变、控制这个世界。

刚出生的婴儿被包裹在襁褓里，是没有任何控制感的，父母决定了婴儿什么时候睡觉，什么时候吃饭。婴儿唯一能表达自己不满的方式就是哭泣，但是父母却往往不能很好地理解婴儿哭声里的诉求，只是抱起来摇一摇，晃一晃。

当婴儿成长为有一定独立行动能力的儿童时，他们就开始令父母生厌——儿童会开始把桌子上的东西往地下扔，把整齐有序的物品弄乱,成为父母眼中混乱的制造者。

但这并不是因为儿童身体里的顽皮或者淘气的基因在这一阶段开始表达,而是他们在开始学习怎么来改变这个世界,怎么来控制这个世界。

当一个瓶子被儿童扔到地上摔成碎片后,他们欣喜地发现,他们的行为造成了世界的改变。心理学家艾森克指出,通过与世界的交互,儿童开始形成自我感知,开始了自我的探索之路。

在少年期,"我"专注于如何摆脱家长的控制,从而获得控制感。

很快,淘气的儿童就变成了叛逆的少年。青春期,这是一个让父母闻风丧胆的名词。青春期的少年总是和父母针锋相对——父母说往东走,他就偏要往西走;父母说往南走,他一定往北走。

教育学家们的解释通常是,父母与孩子因为时代的不同,在三观上有了差别,也就是我们常说的代沟。于是,父母被要求去了解少年的世界,了解少年的所见所闻所感,从而与少年在思想上形成共鸣,以填补代沟。

然而,逆反的真正原因并不是代沟,也不是孩子不认同父母的观点,而是因为这个时期的孩子往往就是为了反对而反对。少年通过反对的行为宣称：我命由我不由天。

叛逆，是少年自我的觉醒，是少年的独立宣言；少年以此来证明，"我"是一个独立的人，是一个能够掌控世界的人。

因此，这个时期的孩子专注的是如何摆脱家长的控制，从而获得控制感。少年在抢夺控制权的道路上一骑绝尘时，父母则是一脸懵懂：以前那个听话的孩子去哪儿了？

在青年期，"我"即世界——虚假的掌控感的高峰。

不久之后，父母的苦恼就成了大学校长的麻烦了。进入大学的青年，犹如蛟龙入海——高考的压力已经成为过去，而工作的压力还很遥远；没有父母在身边喋喋不休，一群志同道合的叛逆者通过宿舍、班级、社团、社会实践团结在一起。

这个时期，青年不仅挑战辅导员、教师和校长的权威，对学校的饭菜、住宿、课程设置等指手画脚；更重要的是，还开始对社会上林林总总的事挥斥方遒。公平与正义，贫富与世界未来的走向，都是青年关注的主题；创办社团，发表政论，甚至投身到各种活动之中，成为先锋与主力。

这并非因为他们充沛的精力、至高的社会责任，而是青年坚信一句话："我们是八九点钟的太阳，虽然这个世界现在是你们的，但它终将是我们的。"青年们的掌控感在这一时期达到了最高峰——我即世界。

但是，这种掌控感是虚假的——它的来源是父母和老师、校长的退让和容忍。当少年说"我要离家出走"，父母马上会偃旗息鼓说"一切好商量"；当青年宣布"我要示威游行"，校长马上会嘘寒问暖，组织各种见面会、沟通会。

但是，一旦青年迈入了社会，进入了公司与单位，这个虚假的控制感就立刻冰消瓦解。志得意满的青年面对的不再是父母的亲情与老师的宽容，而是冷冰冰的KPI（关键绩效指标）。不满意？不合作？等到的不是上级善意的沟通，而是一份标准的"员工开除通知书"。

在成年期，"我"逐渐获得控制又失去了控制。

在社会大学的教育下，天之骄子迎来了人生的第一个低谷。他们开始意识到，之前的控制感是虚假的，而真正的控制来源于自己脚踏实地的工作与奋斗。

于是，他们开始思考如何高效地工作，如何完成领导分配的任务，如何与同事合作共赢。慢慢地，他们从普通员工成长为小组长，又从小组长变成了科长，再从科长变成了处长、局长……

他们管理的人越来越多，掌控的资源越来越广，话语权越来越大，感觉越来越好，掌控感越来越强。一切都很好，直到他们遇到人生的第二个低谷——退休。

Chapter 2 　掌控自我：
拥有一个不打折的人生

上世纪90年代，英达执导了我国第一部室内情景剧《我爱我家》。该剧的第一集讲的就是正局级老干部傅明离退休的故事。他杀过日本侵略者，在解放战争中受过伤，抗美援朝时渡过江，为人高瞻远瞩，口头禅是"我早就看出来了……"；20多岁就能独当一面，成为管钱管物的领导。

面临退休的时候，傅明百般推却——局里把他的桌子放到妇联办公室里，他跟儿子志国表达他的愤怒："好好好，明天我就给局里打个报告，坚决不到妇联那屋去！"志国问道："彻底退下来？"傅明支支吾吾，然后说道："要不然……我再到计划生育那去忍忍？"

退休，对于一个习惯掌控感的人而言，不是休息，而是彻头彻尾的"谋杀"。尊重你的人继续尊重你，但是他们做决定前不会再向你请示；关心你的人会更加关心你，但是他们不会再对你唯命是从。无论你打下的江山多么辉煌，都已经是过去时，而你的名字只会在一年一度的新春茶话会上，被新的领导提及。

随着年龄的增长，你的身体逐渐变差，直到某一天躺在床上，生活不能自理；原本是自己掌控一切，如今却变成了护士掌控一切，人生就像重回新生婴儿的状态，永久地丧失了控制感，直至死亡。

和一个老人谈退休，就如同劝一个血气方刚的青年吃斋念佛、看破红尘。清朝文学家金圣叹曾说："少不看水浒，老不看三国。"

热血沸腾的青年，在"乔布斯们"理想主义与情怀、正义与义气、革命与改变世界口号的驱动下，容易失去理智而变成他人的工具甚至炮灰；而在控制感最弱的老年看充满权谋斗争的《三国演义》，只能饮鸩止渴，越看越悲凉。

我们的一生，就是一个从追求控制感、获得控制感，到最后失去控制感的过程。

人生艰难，唯控制二字

每年农历九月初九是我国民间的传统节日重阳节。《易经》中把"九"定为阳数，而"九九"是两个阳数相重，所以称为"重阳"。重阳节人们通常有登高祈福、秋游赏菊、插茱萸、拜神祭祖和饮宴求寿等风俗。

重阳节的来历众说纷纭。据南朝梁人吴均所著《续齐谐记》记载，重阳节其实是为了纪念一位叫费长房的人。

一日，费长房告诉他的弟子九月初九他家会遭瘟疫，而

> Chapter 2 掌控自我:
> 拥有一个不打折的人生

破解的办法是用红色的袋子装满茱萸系在手臂上,然后登高饮菊花酒,便可辟邪。

这位弟子回到家乡,告诉家人此法,虽然将信将疑,大家还是在九月初九这天离家登山。晚上回来之后,发现家里的牲畜因为瘟疫的到来全部死了。

从此,农历九月初九插茱萸、喝菊花酒和登高的风俗就流传下来,而这一天也成为民间的节日。

据传,费长房还是一名神医,药到病除。他总是用一根竹竿挂起一个葫芦行走于世,百姓看到这个葫芦就知道是费神医来了。之后便有了"悬壶济世"这个成语。

除此以外,费长房还能缩地成寸,把遥远的距离缩短成咫尺之间,瞬间可达。之后便有了"费长房缩不尽相思地,女娲氏补不完离恨天"的诗歌。

费长房的这些神奇的能力究竟从何而来?

据南朝宋时期的历史学家范晔编撰的正史《后汉书》记载,神医费长房本来是汝南的一个小城管,并无任何特别之处。

一日,他发现一个把葫芦挂在拐杖上的卖药老头形迹可疑——集市散去后,这个老头并没像其他赶集的人一样离开集市,而是趁人不注意,化作一股青烟钻进葫芦中。

费长房知道自己遇到了神仙。于是他找到这位自称"壶中仙"的老人，求神仙之道。壶中仙说，既然你我有缘，我可以收你为弟子，传授你神仙之道，但是你必须通过三大考验。

第一关是"入深山，践荆棘于群虎之中，留使独处"。费长房"不恐"。

第二关是"卧于空室，以朽索悬万斤石于心上，众蛇竞来啮索且断"。费长房"不移"。壶中仙见此，高兴地说："子可教也。"等通过第三关，费长房便可以得道成仙。

可惜的是，在荆棘、恶虎面前不改色，在巨石压顶的威胁下屹然不动的费长房，却在第三关败下阵来。

第三关的考验是金钱，是美色，还是亲情？都不是，是一盆大粪。

壶中仙端来一盆大粪，大粪里的众多蛆虫爬进爬出，又臭又恶心。壶中仙说，来吧，把它吃掉吧。费长房的反应是"意恶之"——他无论如何都无法控制心中涌起的恶心的感觉，只好放弃成仙之道。

于是壶中仙只好感叹道："子几得道，恨于此不成，如何！"最后只好传几个小法术给费长房以示安慰。

如果你是费长房，你可以吗？

Chapter 2 掌控自我:
拥有一个不打折的人生

在回答这个问题之前,不妨来做一个小实验——快速说出颜色实验。

这个实验非常简单,就是大声说出词语上的颜色,越快越好。你需要大声地、快速地说出你看到的词语的颜色,而忽略掉词语的内容。如果你觉得这是一个非常简单的任务,不妨来尝试一下〔请把书翻到最后,开始封底折页(后勒口)上的小实验吧〕。

在实验过程中,你迟疑了吗?这不是不熟悉或者练习不够的问题,事实上即使你练习了成千上万次,碰到这种字词的颜色与字词的内容冲突的情况,你依然会出错或者慢下来。这是因为我们的控制力是不完美的、有缺陷的。

控制的不完美,本质上是理性和感性的分离与冲突。

费长房的理性清楚地知道,大粪只是壶中仙的考验而已;而他的感性却不停地告诉他,它看上去像大粪,闻上去像大粪,所以那就是真的大粪,于是他无论如何都吃不下去。感性最终战胜了理性,于是费长房失去了得道成仙的机会。

正如我们都知道吸烟和喝酒会影响我们的健康、缩短我们的寿命,可是在烟酒面前,谁又能控制得住呢——我国一年就要喝掉价值 8000 亿元的酒。

控制二字贯穿了我们整个人生，人生的艰难也正在控制二字。正因为我们的控制非常不完美，而我们又放纵了对不完美的控制，才使得我们的人生不断打折。

抑郁的一个原因就是控制感的缺失

控制感不仅与寿命的长短有关，而且还是能够预测个人幸福感和心理健康的核心指标。

宾夕法尼亚大学心理学教授、积极心理学创始人塞利格曼请大学生描述自己经历的困难，并请他们解释这些困难发生的原因。一些大学生认为，这些困难的发生都是自己的错，而且不会因为自己的努力而被克服。

之后，塞利格曼教授对这些学生进行了长达20年的跟踪研究。他发现，这些无助、沮丧、不能控制自己生活的大学生，在这20年里更容易生病，并且从疾病中恢复的速度更慢；同时，他们对世界的看法更为悲观，总是觉得最糟糕的结果会发生，认定除了放弃别无他法。抑郁，是他们最经常体验的情感。

抑郁是一种常见的负性情绪状态，在人生的某些时刻，我们都会经历抑郁；但是大约10%的人会进一步演化，变成

阿尔布雷特·丢勒的《抑郁症》

这幅画创作于 1514 年,被视为现代心理学的开端。早在中世纪,人们就熟知抑郁症,而丢勒用其作品表现出了人们内心世界的苦闷和精神世界的纠结。

抑郁症。

抑郁症是一种精神疾病，女性患抑郁症的概率是男性的三倍。80%的抑郁症患者会复发，在他们的一生中，平均会发作四次。一旦患上了抑郁症，单纯的心理咨询的作用就比较有限了，通常需要在精神科医生的指导下服药并配合心理咨询，才能恢复健康状态。

抑郁症的典型症状有九条：

第一，绝大多数时间都处于低落悲伤的情绪，如心情沉重、生活缺乏乐趣、郁郁寡欢、痛苦难熬等（这里的"绝大多数时间"指的是一周七天，一天24小时的大部分时间）。这是抑郁症的核心症状。有了这一条症状，再具有以下八条症状中的四条，那么就有必要去医院请精神科医生做进一步诊断了。

第二，对日常活动失去兴趣，丧失了对以往生活、工作的热忱，对任何事都兴味索然；不再感受到天伦之乐，对以前的爱好不屑一顾。

第三，活动减少，常闭门独居，疏远亲友，回避社交。

第四，出现睡眠障碍的症状，其典型特征是早醒，比平时早醒2~3小时，醒后难以再入睡。

第五，食欲减退，体重减轻。

第六，感到疲惫，精力不再充沛，甚至觉得洗漱、着衣等日常行为都是负担，日常的工作更是觉得困难费劲。

第七，对自我持负面评价，往往过分贬低自己的能力，以批判、消极和否定的态度看待自己的过去、现在和未来，把自己说得一无是处，前途一片黑暗。此时患者会有强烈的内疚感、无用感和无助感。这个症状也是弗洛伊德在《哀伤与抑郁》中所说的，对"最好的我"的攻击。

第八，认知能力下降，如注意力难以集中、记忆力减退、思维迟钝闭塞、难以做决定和行动，拖延是典型的外在表现。

第九，有死亡或者自杀的想法。因为内心十分痛苦、悲观、绝望，感到生活是负担，不值得留恋，因此想以死求得解脱。严重的厌世心理和自杀倾向是重度抑郁症患者选择结束生命的根本原因。

抑郁症是如何形成的？目前我们对它的机理还没有清楚的认知，但有一种可能是因为对控制感的失去。

通常情况下，抑郁是由真实的失去所引发，比如亲人的去世、财物的损失、感情的挫折以及事业的瓶颈等。这些事件必然会给人们带来不愉快的体验，而这些不愉快的体验又会带来悲伤的想法，让个体开始以最糟糕的方式来消极地解释周围的一切——老天的不公、霉运当头，似乎全世界都在与他作对。

当一个人始终唉声叹气，像祥林嫂一样不断地抱怨自己的遭遇时，身边的朋友就会越来越少，同时他的负能量也会让周围的人心情随之变差。而不愉快的体验、悲伤的想法、糟糕的人际关系又进一步改变了大脑的神经递质分泌——分泌过少的五羟色胺，从生理上导致我们进一步抑郁。

更糟糕的是，这些因素聚在一起，它们就会不断地相互作用、相互促进，最后形成恶性循环，无法中断，彻底失控。于是，不开心就变成了抑郁，然后升级成抑郁症，甚至最终走上自杀的道路。

结语：
真正的控制感来源于活在当下

在过去的三百万年里，人类从猿进化成人。在这个过程中，我们的大脑体积增加了三倍。但是，大脑体积的增加并不是所有脑区体积的等比例增加，而是主要增加在大脑的额叶，特别是前额叶。

Chapter 2　**掌控自我：**
拥有一个不打折的人生

对比一下人类近亲黑猩猩的头骨，我们可以看到，黑猩猩和人类头骨的最大区别就在额头：黑猩猩前额非常小而且往后倾斜，而人的额头则是向前突出的，充实而饱满。

古代相士把"天庭饱满"作为富贵长寿之相，虽然没有科学道理，但是他们已经意识到人类大脑发达的前额叶，是

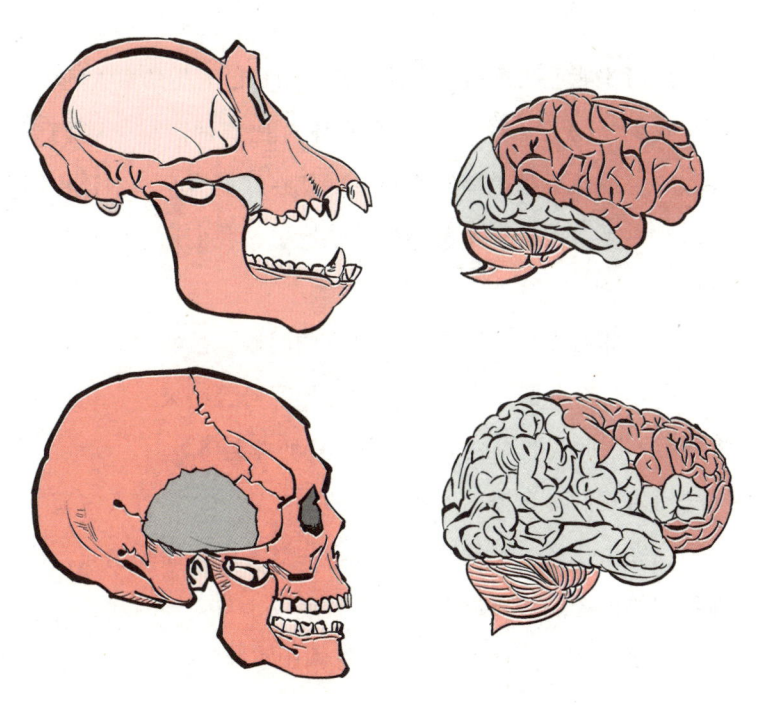

黑猩猩（上）和人类（下）的头骨

人类区别于动物的重要特征。

事实上，前额叶就是控制的中枢。人类是所有动物中，唯一能够自主控制自己的欲望、情绪和冲动的动物，能够为了将来更大的利益而延迟满足当下的需求。然而，我们并没有意识到，前额叶毕竟是新进化出来的脑区，因此还不完善，所以我们的控制也并不完美，于是我们在控制与失控之间苦苦挣扎。

如何才能重获控制，掌控自我，做自己人生的主人呢？

我们来思考一下，为什么看体育比赛的时候，我们更喜欢看直播而不是录播？为什么即使在我们完全不知道比赛结果，也不会被告知比赛结果的情况下，我们还是更喜欢看直播？

原因非常简单。当我们看录播的时候，虽然我们不知道哪个队输哪个队赢，但是我们知道比赛已经结束，一切都尘埃落定，因此我们对胜负已经没有任何控制感。

而当我们看直播的时候，一切未成定局，没有人知道下一刻会发生什么，于是我们会忍不住对着电视高呼呐喊，仿佛我们的声音能够通过电视传导到现场，与现场的观众一起为自己支持的球队加油，以此来影响比赛的胜负。

我们其实也知道，这种控制感是虚假的，但这种虚假的控制感是我们对当下事件而不是过去事件的体验，这种体验是真实的。

在养老院的老年人们渴望重拾控制感，所以他们需要一盆他们能操纵生死的植物；在总裁办的董事长们不愿失去控制感，所以他们会恋栈不去。而事实上，**控制感不需要假借外物，因为控制感的核心是对现在的把握。真正的控制感，其实就是活在当下。**

不念过去，不畏未来。在群星闪耀的过去与无限可能的未来之间，是现在。

06

专念：
身心合一，活在当下

兰格

> 衰老是一个被灌输的概念。

Chapter 2 掌控自我：
拥有一个不打折的人生

设想这样一个情景：飞机快要起飞了，而你刚刚到达机场，安检口人山人海，所以你必须在安检口插队才能赶上飞机。这时你需要如何跟其他乘客沟通，他们才会让你插队？

大部分人肯定会说："抱歉让一下，我的飞机马上就要起飞了。"

但哈佛大学的一个研究却表明，这个时候无论你给出什么理由——理由本身是否合理并不重要，人们都会允许你插队，例如"抱歉让一下，我需要往前走"，或者"抱歉让一下，我要过安检"。

这并不是因为大家不在乎理由的合理性，而是因为大家根本就没有去听你在说什么——大多数人在安检口排队的时候，都处在走神的状态。

我们并不仅仅在排队的时候会走神，事实上我们在任何时候、任何地方都会走神。

哈佛大学心理学教授吉尔伯特开发了一款手机APP，这个APP会在一天中随机选择时间给用户发送两个问题：

第一，告诉我你现在在做什么？

第二，你现在的幸福感有多高？

他通过对全球18—88岁的2250名受试者的测试，发现了两个结果。

首先，他验证了我们无时无刻都在走神——我们在一天中走神的时间，竟然占到了清醒时间的46.9%。也就是说，在一天之中，我们有一半时间是身体在当下，而心灵却飞到了过去或者未来，身心分离。

第二，也是非常重要的一点，当我们走神时，即使是在回忆过去美好的经历或者憧憬未来，我们也是不快乐的，幸福感要比我们专注当下时的幸福感低。

也就是说，只有当我们全神贯注于手头上所做的事情时，生活才是最愉快的。吉尔伯特在美国《科学》杂志上发表这个研究结果时，文章的标题就是《走神的心是不快乐的心》(A wandering mind is an unhappy mind)。这正好印证了苏格拉底在两千年前的一句名言："未经审视的生活是最不值得过的。"

那么，为什么活在当下会让生活更幸福呢？

专念：生活中的一滴蜜糖

佛教大乘经典《维摩诘经》记载了这么一个故事：

从前，有一个人得罪了国王，于是国王派出一头大象追杀他。在一片荒野之上，大象越追越近，当这个人以为无处可逃时，他突然发现前面有一口枯井，于是他打算跳入枯井以躲避大象。

但当他纵身跃入井中时，发现井底有一条龙正张着血盆大口等着他。慌乱中，他抓住井壁的一把杂草，就此悬在空中。

正当他准备喘一口气，平息一下紧张的心情时，又看到有黑白两只老鼠正在啃食他手中的草。

在上，是准备把他踩成肉泥的大象；在下，是准备将他吞噬的恶龙；而手中的草，随时会被老鼠啃断。在这进退两难、千钧一发之际，他看见草尖有一滴蜜糖。于是他不顾一切，用尽全身力气去吮吸这滴蜜糖。

这一刻，他忘记了生活的不幸，忘记了国王的震怒和身处的危境……

释迦牟尼用这则故事来隐喻我们无常的人生：

大象代表我们的过去——过去的失败与羞辱对我们紧追不舍；

恶龙代表我们的未来——未来的不确定让我们焦虑与不安；

黑白二鼠就是黑夜与白昼，代表岁月的流逝——生老病死在昼夜轮回之间便成定数；

而蜜糖，则是现在。

在上一节里讲述的心理学家送给临终关怀养老院里老人们的植物，就是这滴蜜糖。

身边同伴的离世随时提醒这些老人，他们的岁月不多了。"我还能活多久？我这辈子还有什么遗憾？我去世后，我的孩子怎么办，他们还会思念我么？"这些想法无时无刻不在折磨着他们，他们的心灵被禁锢在对过去的追忆和对未来的不安中，面对的是背后穷追不舍的大象（过去）和前面血盆大口的恶龙（未来）。

唯有这盆植物将他们从过去与未来的深渊拉回到现在——叶子枯黄，该浇水了；新芽生长，需要更多的阳光。这盆植物，让他们有了活在当下的抓手，从而获得控制感。

释迦牟尼说，人生无常，疾病、衰老和死亡都无法避免，因此我们无法掌控，不如由它去吧。但当下这滴蜜糖，却是我们能够触及、能够品尝的，我们需要做的就是抓住它。

两千多年后，积极心理学奠基人之一、哈佛大学心理学家兰格提出了mindfulness一词，我们将之翻译成"专念"，专是专心的专，念是念头的念，也就是说专注当下的念头，活在当下。

时间相对论：心理的当下并非物理的现在

EXPERIMENT

返老还童实验

兰格教授用"返老还童"的实验很好地诠释了什么是专念。

她在一个废弃的修道院搭建了一个时空胶囊，这个地方被布置得和20年前一模一样：20年前的家具摆设、电器、轿车，实验人员也都按照20年前的风格来穿着。兰格教授邀请了16位年龄在70—80岁的老人来到这个时空胶囊里生活一个星期。

在这一个星期里,这些老人听的是20年前的音乐,看的是20年前的电影和电视节目,阅读的是20年前的报纸和杂志,谈论的是20年前的国家和世界大事。兰格教授要求这些老人假装生活在20年前,也就是他们50—60岁的时候。

实验刚开始时,这些老人还不太习惯;但一两天之后,他们就完全适应了这个时空胶囊,他们的思维、他们的关注点好像真的回到了20年前。

一个星期过去,让人难以置信的事情发生了。这些老人的身体素质有了明显的改变——老人们刚参加这个实验的时候,老态龙钟、步履蹒跚,甚至需要家人的陪伴;一个星期之后,他们的视力、听力、记忆力和反应力都有了明显的提高,血压降低了,步态、体力和握力也有了明显的改善。有一个老人居然从轮椅上站了起来,开始自行行走;而另一个老人开始在修道院的草坪上玩起了橄榄球。

当老人的孩子见到这一幕时,他们简直不敢相信自己的眼睛——人竟然真的能返老还童。难道世界上还有比这更好的灵丹妙药吗?

到底发生了什么？

在古罗马诗人奥维德的《变形记》中，记载了一个雕刻家的故事。

有个名叫皮格马利翁的雕刻家得到了一根完美无瑕的象牙，于是他把这根象牙雕成了他心中女神的形象。用这个象牙雕刻的女神是如此的完美和真实，让皮格马利翁深深爱上了她。于是他日夜不停地向缪斯祷告，恳请缪斯能够赋予这个雕刻生命，让它变成真正的女人。

缪斯被他的真诚所感动，答应了他的请求。当皮格马利翁再次凝视雕像时，象牙雕刻的女神的脸颊开始变得红润，眼睛开始释放光芒，嘴唇缓缓张开，露出了甜美的微笑。

心理学家罗森塔尔将之命名为"皮格马利翁效应"，即当我们认为不可能是可能的时候，那么不可能就会变成可能，就会真的发生。

专念，就是让我们专注当下，去思考是否还有其他的可能性。由于生存的需要，我们的大脑必须快速处理外界的各种情况；因此，我们的大脑里保存了很多的规则或规范，以便我们快速做出决策和行动。

例如，当看见一条蛇时，我们的第一反应是躲避，而不是细细分辨这是一条真蛇还是一条仿真的假蛇。这种自动化

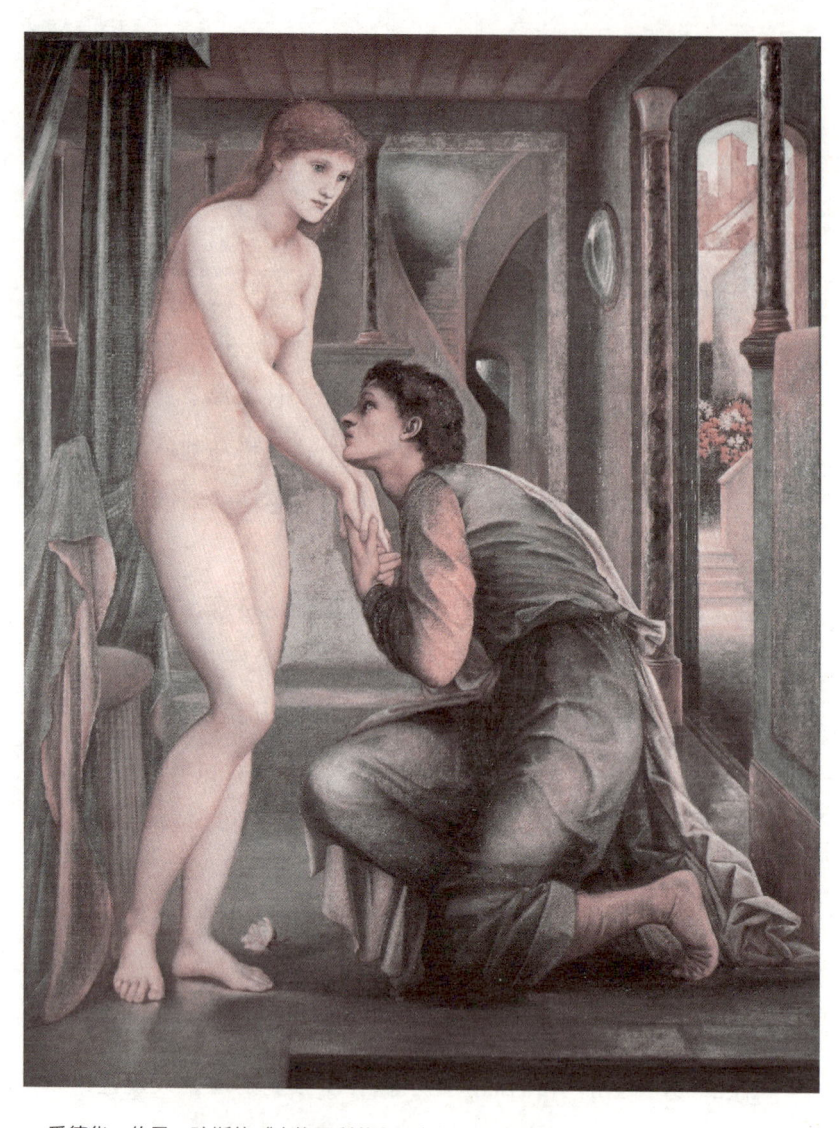

爱德华·伯恩·琼斯的《皮格马利翁和形象——灵魂获得》

这幅画取材于皮格马利翁爱上了自己用象牙雕刻的女神的故事——当皮格马利翁再次凝视雕像时,象牙雕刻的女神的脸开始变得红润,眼睛开始释放光芒,嘴唇缓缓张开,露出了甜美的微笑。

的"不过脑子"的反应,给我们带来了高效的行动。但另一方面,它也让我们付出了代价。这个代价就是思维定势,即思考被肌肉反应所替代,创造性思维被固着思维所取代。

在"返老还童"的实验里,兰格教授通过时空胶囊让老人们看到了另外一种可能,多了另外一个选择,那就是:他们也许能像20年前那样活着。当我们意识到这种可能性并相信这种可能性时,我们首先会在心理上让时光倒流,接着身体上也就跟着返老还童了。此时我们就如皮格马利翁一样,心想事成。

在被查处的腐败官员中,贪污通常是与道德败坏、生活腐化等联系在一起的。据有关部门统计,全国各地被查处的腐败官员中,95%都有情妇。甚至有相当一部分官员的腐败是从情欲的失控开始的。从生理学和社会学角度来讲,这是一件奇怪的事情。

首先,一个对省部级腐败官员的统计分析发现,官员的初次腐败行为平均年龄为47.5岁;而男性在此年龄段的性欲强度只有18岁左右的30%,甚至低于10岁小孩的性欲强度。所以,腐败官员包养情妇是缺乏生理动机的。

第二,"情妇反腐""反腐靠小三"等说法在社会上广为流传,虽不准确,但是也从一个角度说明情妇是官员腐败违纪被发现的重要途径。既然腐败官员对情妇生理上没有特别的需求,而情妇又是违法乱纪行为被暴露的重大风险因素,为什么腐败官员还要前仆后继去找情妇呢?

从心理学角度来看,其实情妇就是这些腐败官员的"时空胶囊",她们把这些年过半百的官员带回了20年前。抖音短视频、B站的鬼畜、为流量小鲜肉打call……不断更新的新潮流,让一个每天端着枸杞保温杯的中年男人眼花缭乱、应接不暇,但同时也唤起了他久违的心潮澎湃、充满好奇的青春感觉。

当他们和年轻的情妇在一起时,他们清晰地感受到自己融入了新时代,于是他们的身体不再酸痛疲乏,精神不再涣散走神。还有什么比返老还童、重获青春更好的感觉?付出再大的代价,都是值得的。

但是,重返青春并不需要通过违法乱纪来实现,事实上,这只是饮鸩止渴,最后只有毁灭一途。

而真正的诀窍是保持年轻的心态,与时代的脉搏同步。与年轻人打成一片,以开放的心态了解他们的文化,尝试他们的兴趣，与他们一起与时俱进。

相反地，当我们开始关注爬山会磨损膝盖，开始只喝泡有枸杞的热水，开始热衷于回忆过去，我们就告别了年轻，承认自己已经老了。

一旦我们生出自己的确老了的念头，我们就真的老了，因为衰老本身就是一个被灌输的概念。

"衰老"是一个被灌输的概念

兰格教授找来哈佛大学的学生做了另一个实验。

> **EXPERIMENT　快速数点实验**
>
> 年轻的大学生被告知这是一个快速数点的任务——计算机屏幕上会出现一些随机分布的散点，而大学生需要快速、准确地说出屏幕上究竟有多少个点。
>
> 但他们不知道的是，在观察散点时，计算机屏幕上会快速闪现一些与衰老有关的图片——老人拄着拐杖，老人坐在轮椅上，老人躺在床上……这些图片的呈现时间非常短，只有10毫秒，所以只能进入大学

> 生的潜意识,而大学生意识不到这些图片的存在——实验室结束后,大学生报告他们只看见了杂乱的点,而没有看见其他任何图片。
>
> 很快,实验结束了,兰格教授与大学生道别,但真正的实验却是从大学生走出实验室的门才开始。
>
> 兰格教授记录了这些学生从实验室的门口走到电梯所花的时间,她发现,这些看了与衰老有关图片的大学生,从实验室走到电梯花费的时间更多,步伐更沉重,步履变得蹒跚,就像老年人一样。

兰格教授解释道,这是因为"衰老"是一个被灌输的概念,是我们长久以来形成的一个固化思维——时光不可逆,天命不可违,在岁月的摧残下,年轻时的朝气与活力最终只能变成美好的回忆。

几乎所有人都认定一个说法:人的年龄大了,就必然会衰老,就必然会虚弱多病;对我们而言,最好的方式就是顺应天命,心平气和地接受一天不如一天的事实。

但是,如果用功能磁共振扫描仪去观察大脑的结构与功能，你会发现 90% 以上的 60 岁老人的大脑活跃度与 20 岁的年轻人并没有本质的区别。

事实上，老人在记忆力、推理能力、信息加工速度等方面的心理认知能力与年轻人相比，并没有太大的差异。也就是说，我们一旦进入老年，年轻时对老年形成的体弱多病、无助的思维定势，就会影响我们的行为。

当我们发现我们的记忆力变差，我们的第一反应是因为我老了；但是事实上只是我们并没有像原来一样去花时间、花精力去记忆了。

记忆力的衰退，并不仅仅是生理的衰老，更多是心理的衰老。在上面的实验中，当年轻人受到拐杖和轮椅照片的影响后，"衰老"的概念就被植入他们的心灵，于是他们的行动也变得缓慢起来，就像他们真的已经老了。

限制我们的不是身体本身，而是我们对身体的看法。我们很少去质疑那些我们视之为真实存在的衰老是否真的存在。

例如，我们认为年纪大了，眼睛就会老花，视力就会变差；动作不再敏锐，参加激烈的运动容易受伤；抵抗力开始下降，不管在什么季节都容易感冒发烧……当我们不再像年轻时那样能够对外部世界应付自如时，我们就认为我们的身体衰老了。

于是，当我们不停地暗示自己变老了的时候，身体机能也相应发生了变化。此时此刻，我们就真的老了。

而专念教会我们质疑：我可不可以像年轻人一样活？养老院的老人们说可以，他们通过对一盆植物的掌控将死亡率降低了一半；修道院的老人们说可以，他们通过在心理上让时光倒流20年，让身体重新焕发了青春。

所以，专念或者活在当下，并不仅仅是说我们要知道此时此刻我们正在做什么。**专念其实是一种思维方式，一种对自己思维的掌控。**它让我们不停地问自己，除了理所当然的规范，还有没有其他的可能？还有没有其他的选择？我可不可以离经叛道，走出我自己的道路？

但是，我们在日常生活中的思维定势让我们把对思维的掌控力拱手相让。

> **EXPERIMENT**
>
> **1+1=？实验**
>
> 兰格教授曾在课堂上问学生：1+1=？学生们都哈哈大笑，说答案显然是2。这个答案是正确的，但是它有一个隐含假设——这是基于十进制的加法。
>
> 如果是二进制，答案应该是10；如果是一块嚼过的口香糖加上另一块嚼过的口香糖，答案则是1——一块嚼过的口香糖。

隐含假设一方面能够让我们达成共识，但是在另一方面，我们会忘记它的存在，而不去思考它在新的情形之下，是否还成立。

此外，在日常生活中，我们的思维通常是从单一的视角出发来思考和行动。而这单一的视角，使得我们的思维被束缚在一个狭小无助的空间。

> **EXPERIMENT** 换一个视角思考的实验
>
> 兰格教授来到一所小学,向小学生展示了一张坐在轮椅上的残疾人的照片。她问道:"这个人能开车吗?"此时她得到的是整齐划一的回答:不能!
>
> 兰格又去了另外一间教室,这个时候她从另外一个视角问了问题:"这个人如何才能够开车呢?"可以预料的是,小学生们给兰格教授提供了许多富有创造性的方案。

所以,当我们把隐含假设当成事实,当我们固着于单一视角的思维模式,我们失去的不仅仅是年青与活力,还有我们的创造力。而唯有专念,才会让我们去深挖隐含假设,转换视角,从而找出其他的道路。

正念:此刻是一枝花

我有一个朋友,花了大价钱去参加了一个在尼泊尔的灵修班。他回来后告诉我这个班太值了——除了心灵的洗礼之外,他还在两个星期内,轻轻松松把体重减轻了 4.5kg。

见我不解，他告诉了我大师的不传之秘——吃饭的时候，要对自然充满敬畏之心和感恩之心，因此每一口米饭要在嘴里咀嚼36下——先用左边的牙齿咀嚼12下，再用右边的牙齿咀嚼12下，最后用中间的牙齿咀嚼12下。顺序不能变，次数不能变，一旦变化就没有效果。他在灵修班坚持了两周，于是体重减轻了4.5kg。

其实，在这仪式化的吃饭背后，并没有什么神秘，它只是让人专心吃饭，慢慢吃饭而已。当一口饭要咀嚼36下，一次不多一次不少，此时的注意力就会全部集中在饭和咀嚼上，你就不会边吃边聊，不会胡思乱想了。此时，你的心灵回到了当下，身心合一，血液更多地流向了消化系统，于是肠胃能够把食物消化得更加充分。

现在，食材越来越丰富，烹饪越来越精细，但我们却觉得越来越没有食欲，常常食不知味，这是为什么？原因非常简单，就是因为我们吃饭的时候，根本就没有在吃饭，而是在聊天，在走神。

在佛教里，禅师们通过坐禅、冥想、参悟等禅修方式，让心灵回到当下，从而自我调节，达到身心合一。

哈佛大学麻省总医院的卡巴金博士去掉了其中的宗教

成分，将之结构化、科学化，用于处理压力、缓解疼痛。从1979年到现在，它已经成为全世界受众最广的心理治疗技术之一。卡巴金将这项技术称为正念。

正念与专念都是同一个英文单词——mindfulness。两者在内涵和外延上非常类似，在翻译上做此区别，只是为了强调专念更多的是专注思维模式的理论，而正念更多的是专注心理治疗的应用。

正念是一种基于冥想的精神训练方法，其在于有意识地将注意力集中于当下，并关注、觉察当下的一切；同时，对当下的一切观念不做任何判断、分析、反应，只是单纯地觉察它、注意它。它通过对时间、对无知和对宽容的全新释义，让我们看到了另外一种可能，一种完全不同的"存在"方式。

正念1：真实存在只在此时此刻。

卡巴金博士意识到，人之所以不快乐，主要是缘于过去和未来：为过去耿耿于怀，为未来惴惴不安。而正念则带来了一种不同的存在方式——我们的真实存在只在此时此刻，我们所能真实感知的也只有此时此刻；我们对过去的回忆、对未来的规划，本质上都只是存在于头脑中的幻觉。所以，只有当下是真实的，而过去与未来是不存在的，是幻觉。

正念疗法就是帮助我们习得并养成"不在过去也不在未

来，只在当下"的心智模式。所以正念的训练基本上都涉及对自己身体的感知，比如肌肉的紧张、呼吸的循环、皮肤的感受，这是因为我们的心灵可以在过去和未来中快速穿梭，而我们的身体却一直存在于当下；当我们把注意力聚焦在身体上的时候，它就会把我们的心灵拉回到当下。

当然，心灵回到当下，身心合一无法将过去的痛苦抹去，也无法阻碍坏事的发生，更无法让你在坏事发生的那一刻免受痛苦。但是，它能让你不纠缠于痛苦中。

作家村上春树在《当我谈跑步时我谈些什么》里说道："Pain is inevitable,but suffering is optional." **即痛苦不可避免，但我们可以选择不受苦。**这个选择权，来自不对抗过去，不担忧未来。

正念2：忘记已知，保持无知。

乔布斯同样也是正念践行者，他经常提到一句话："Stay foolish."即保持无知。

我们的认知和思维就像肌肉一样，当它被大量按照同一种方式使用后，就会产生自己的惯性，形成"已知"。而正是这些已知，这些习以为常的自动化的认知思维模式、情绪反应模式，导致我们不断重复同样的挫折与命运，同时也加深了我们对自己以及世界的偏见。这些偏见，阻碍了我们去质疑那些"毋庸置疑"的定论，阻碍了我们去探索自身的潜能，也阻碍了我们和他人产生联结。

正念疗法就是要训练我们忘记已知，以新生婴儿的无知心态与视角体验当下，有意识地忽略已经形成惯性的认知、情感、决策和行为的反应模式，这样才能发现原来被我们忽视的其他很多方向和路径。

保持无知，就是保持客观性，在认知一样事物之前，不先入为主地评判它；保持无知，就是保持好奇心，让自己对无论是新的还是旧的事物都开放心态；保持无知，就是保持可能性，让现在的自己不被过去的自己和大众的共识所劫持。

正念3：宽容，不做评判。

正念要求我们以旁观者的身份来观察我们的内心世界：此刻我们的感受是悲伤的，是忧心忡忡的，还是充满内疚的？

作为旁观者，我们默默地看着这些情绪出现然后消失，而不去想"我该不该有这些情绪和想法"或者"这些情绪和想法意味着什么"。通过宽容和不做评判，我们将自己与情绪和思维分割开，然后超越它们。

在现实生活中，我们常常被自己的情绪和思维绑架却无力抗争。失恋了就应该抑郁,被冒犯了就必然愤怒。在这些负面情绪之下,我们产生的决定或者行动往往让情况变得更糟。而正念疗法训练我们从更高层面以观察者的身份去觉察失恋后的抑郁与被冒犯后的愤怒,不做评判,使得我们与自动化的固有反应模式解绑,让我们意识到自己有能力重新选择全新的应对方式。

只有当我们坦然面对自己的所有情绪与思维,我们才能更宽容地对待自己,从而看到更多、更全面的自己。逐渐地,我们会更好地理解自己在各种处境中真实的内在状态,更少地与自己的内心作战。

正念说,来,吃一颗葡萄干,就像你从来没有见过葡萄干、从来没有吃过葡萄干一样,仔细地品尝这颗葡萄干。**当你学会了吃葡萄干,你也就学会了如何生活。**

结语:
不再问"那怎么可能",而是问"为什么不能"

兰格教授并不是心理学科班出身,她曾是纽约大学的药学家,因为上了一次斯坦福监狱实验设计者、心理学家津巴多的心理学课程后,便转身投入到心理学领域,从此开创

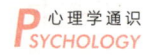

了积极心理学，与塞利格曼教授一起成为积极心理学的奠基人。

她在50岁的时候才开始学习绘画，现在已成为画作上万的画家，获奖作品有30多幅，常年在茱莉·赫勒画廊、普罗温斯敦艺术协会博物馆等著名画廊中展出。对她而言，一切都不晚。

兰格教授说："我想我应该没嫉妒过任何人，因为如果某人有某样东西，我也可以拥有。"

她如此强大的信心，来源于她所推崇的正念——不要再问"那怎么可能"，而是问"为什么不能"。

没有人可以洞悉事物的全部，因为所有的事物都是在不断变化的；没有一条规则能放之四海而皆准，因为真理的背面同样是真理。而专念就是帮助我们打破固有的思维方式，激发思维的创造力，获得自我革新的力量，最终找到生命中的那一滴蜜糖。

07

应用：
用专念来战胜焦虑

艾利斯

导致焦虑的不合理信念有三个特征：绝对化的要求，过分概括化的评价，糟糕至极的预期。

你焦虑吗？我多希望你的回答是：我从不焦虑。但是，大部分人的回答却是：没错，我很焦虑。

在日常生活中，表达焦虑的词很多：着急、紧张、慌乱、害怕、恐慌、忧心忡忡、心烦意乱、忐忑不安、如坐针毡、热锅上的蚂蚁等。焦虑的场景也非常多：考试、面试、演讲、约会、出行、亲子分离、狭小的空间、黑暗等。

在生理上，焦虑会让人感觉到心慌、心跳加速、呼吸急促；入睡困难或睡眠浅（容易惊醒），而且醒后难以再次入睡；背部、胳膊、腰部的肌肉僵硬、酸痛；消化系统出现应激反应，如胃痉挛绞痛、腹泻、便秘，等等。

在心理上，焦虑会让人对未来的不确定性产生深度担忧：莫名地害怕，对明知发生可能性极小的事情（如地震、坠机等）过度紧张、担忧、害怕；严重时，甚至会惊恐发作，会有突如其来的觉得自己快要死了的恐惧感，并伴随着真实的心跳加速、呼吸困难、手脚麻木等生理反应。

焦虑是如此的糟糕，那我们能不能没有焦虑？

EXPERIMENT

躺着挣钱实验

心理学家贝克斯顿教授曾经做过一个"躺着挣钱"的实验。

他邀请大学生到一个封闭的屋子里，蒙上双眼，戴着耳塞，戴上手套，躺在非常舒适的床上，不用做任何事情。没有外界视觉、听觉和触觉信息的干扰，舒舒服服地睡觉，听起来像是一个完全没有压力、极为轻松的实验。

更美的是，参与实验的大学生每天还能获得20美元，是真正的"躺着赚钱"。同时，参与者可以自己决定什么时候退出这次实验。

参与这样的实验，参与者完全没有压力，理所当然不会有焦虑。然而实验的结果与这个假设完全相反。

在实验开始的时候，参与实验的大学生通常会睡觉。但是很快他们就会感到厌烦、不安，于是他们开始唱歌、吹口哨、自言自语，制造各种刺激。随着时间流逝，他们开始出现幻觉。90%的参与者在坚持了24到36个小时后就退出了，没有任何人能坚持到72个小时。

这个实验的正式名称叫作"感觉剥夺"。感觉剥夺是对人的最大惩罚之一，那些能熬过严刑拷打、测谎的特工，在经历不到一周的感觉剥夺后，精神就会彻底崩溃。

这是因为在大脑里有一个维持大脑觉醒状态的中枢，即网状结构，它需要持续地从外界获得刺激才能保持激活的状态。而网状结构的激活对我们极其重要，因为它告诉我们，我们还活着。从这个角度来讲，压力和焦虑是我们生存的必需品。

事实上，适当的焦虑有助于我们高效地完成工作。心理学家耶基斯和多德森发现，焦虑水平与工作效率之间并不是线性关系，而是呈倒 U 形的曲线关系。

焦虑水平过低时，人们会缺乏干工作的积极性，工作效率因此低下；而焦虑水平过高时，人们会处于过度紧张的状态，这时记忆、思维等认知活动都会受到干扰，因此工作效率自然不会高。只有当焦虑水平适中时，工作和学习的效率才是最高的。所以大庆油田铁人王进喜说："井无压力不出油，人无压力轻飘飘。"

那么，我们如何保持适度的焦虑，缓解过度的焦虑呢？

无用的焦虑：身在当下，心在未来

焦虑虽然是生存的必需品，但并不是所有的焦虑都是好的。焦虑可分为"有用焦虑"和"无用焦虑"两种。

有用焦虑指的是能够增加有助于解决当前问题的动机和能量的焦虑。例如，明天就要考试了，我感受到的焦虑会让我不再刷朋友圈或者玩游戏，而是根据考试要求来进行复习。此时的焦虑就是有用焦虑，它的特点是指向现在。

无用焦虑的特点则是指向未来。它通常是一个人对未来的不确定或者可能发生的危险感到担心或者害怕。例如，明天就要考试了，而我此时却在想：我考试不及格怎么办？同学们会不会因此认为我特别笨？老师会不会瞧不起我？我未来的升学、工作会不会因此而受到影响？这种焦虑之所以无用，是因为它不能解决当前的问题。

无用焦虑的本质，是对潜在失控的恐惧。当我们面对的情形是未知、不确定的时候，我们就会有一种事情不在掌控之中的感觉，而这种失控的感觉会进一步带来不安全感。例如，对于即将面临的考试，我们不知道会遇到什么样的试题，所以在考试前容易产生强烈的不安和担忧。不确定性越大时，焦虑程度就越高。

此外，对于不确定的事情，我们还会不停地猜测可能的结果。更糟糕的是，心理学家发现，在我们为未来的不确定焦虑时，我们常常猜测负面的结果会发生，而这又会让我们去回忆之前做得不太好的细节，去纠结那些可能会出现差错的地方，以此来验证自己负面的猜测；于是越想心情越差，越想越焦虑。

在这种情况下，身体会出现肌肉紧张、痉挛、胃疼，心慌、手心出汗等状况，心理上则会感受到强烈的失控感，无法放松，持续担忧。

当我们被无用焦虑困扰时，我们的身体和心灵是分离的——我们的身体留在现在，但是心灵和精神已经到了未来。俗话说，人无远虑，必有近忧。有没有近忧暂且不谈，但是不停地远虑，焦虑是一定有的。所以消除无用焦虑的办法，就是把心灵从未来拖回现在，让自己身心合一，活在当下。

掌控身体，让心灵从未来回到现在

焦虑的核心症状就是体验到失控感，因此想要缓解焦虑，就需要重新获得掌控感。

Chapter 2 　掌控自我：
拥有一个不打折的人生

相对于我们的精神而言，我们的身体要更容易控制，而在所有的生理系统中，肌肉系统是我们可以直接控制的。所以，通过控制肌肉的紧张与放松来获得对身体的掌控感，就可以从外向内，获得对精神的掌控感，从而减轻焦虑。

例如，把手握成一个拳头，专心感受手部和臂部肌肉的紧绷感、力量感，感受手指的指甲扣进手掌的轻微疼痛感，感受手背皮肤的拉伸感。

你可以试着握拳一到两分钟，然后再慢慢松开拳头；松开的时候不要着急一下松开，而要仔细感受肌肉在一点点放松，血液重新回到原来紧绷的地方。重复两到三次后，留一点时间闭眼感受放松的状态，这个时候可以给自己一点暗示：当我从三数到一时，我就睁开眼睛，很清醒，很宁静。

学会控制手部肌肉之后，我们还可以尝试控制身体的其他部位来进行放松。

耸肩，感受肩部的紧张

肩： 耸起肩部向耳部靠拢，感受肩部的紧张，左右分开做，每次只耸一下。

感受颈部的紧张

颈： 将头紧靠在椅背上，感觉颈部和后背的紧张，然后头向前向下伸，感觉颈前部肌肉的紧张。

Chapter 2　掌控自我：
拥有一个不打折的人生

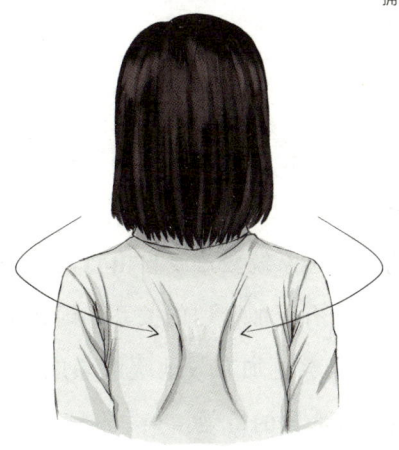

感受背部肌肉的紧张

　　背：将背往后弯曲，感受背部肌肉的紧张。

感受大腿肌肉的紧张和小腿肌肉的绷紧

　　大腿：伸直双腿，感受大腿肌肉的紧张。

　　小腿：将脚尖尽量朝上翘，感受小腿肌肉的绷紧。

在掌握了如何放松肌肉之后，我们可以开始练习控制植物性神经系统。

尽管植物性神经系统较难受自由意志的控制，但是植物性神经系统与情绪有更加密切的关系，因此学会对植物性神经系统的掌控，能够更加有效地缓解焦虑。正如道家所说，呼吸是联结身体和心灵的桥梁。

焦虑的时候，我们的呼吸通常会急促、间断而不均匀。通过对呼吸的掌控，可以增强大脑对植物性神经系统的控制，从而降低焦虑紧张。

但是，与体育锻炼中的深呼吸不一样，用于缓解焦虑的深呼吸，需要将注意力加入到深呼吸中，即体验气流在呼吸道循环的过程。

吸气时，让注意力随着气流慢慢进入鼻腔，通过咽、喉、气管和支气管，一点点进入肺部；此刻，感受肺部因为气流的注入而扩张，胸部因为肺部的扩张而扩张。稍待片刻，等空气在肺部充分交换之后，再感受肺部因为气流的流出而收缩，胸部因为肺部的收缩而收缩；此刻，带着我们体温的气流再慢慢沿着支气管、气管、喉、咽、鼻腔排出体外。

Chapter 2 **掌控自我：**
拥有一个不打折的人生

呼吸道内气流的循环，带走的不仅仅是身体产生的废气，你还可以暗示它把焦虑也带出体外。掌握了如何控制呼吸之后，当你感到焦虑时，就可以做 2~3 分钟这样的深呼吸，焦虑的心境往往很快就可以回归平静。

除了主动放松外，我们还可以通过想象来被动放松。

首先，找一个安静的场所，平躺在床上或坐在沙发上，然后想象一个你熟悉的、令你高兴的场景。

例如，你可以想象一下你现在正在海滩上，眼前是一望无际的大海，海面上风平浪静、波光粼粼。想象自己正仰面躺在海滩上，感受阳光照在胸腹部那种由外及内的暖意，背部触碰到柔软细腻的沙子。同时，海风迎面吹来，带来大海湿润的气息。

随着感受越来越清晰，可以开始想象自己越来越轻柔，逐渐融入环境中，成为场景的一部分。没有什么事要做，只有宁静和轻松。森林、草原都可以，找到一个让你感到最惬意、放松的环境。

大量的研究表明，持续几分钟的完全放松，比一个小时的睡眠效果更好。但是需要注意的是，无论是主动放松还是被动放松，虽然名为放松，但其实是一项任务，需要集中注意力。事实上，是否能够真正放松或者缓解焦虑，核心在于专注。

在肌肉放松时，需要专注肌肉的感受；在深呼吸时，需要专注气流的循环；在想象的时候，需要专注于场景的细节。当我们专注肌肉、气流和场景时，我们的心灵也就从未来被拉回到了现在。此刻的我们身心合一，焦虑自然就缓解了。

无论肌肉放松、深呼吸还是想象放松，都是正念疗法的简单应用，其目的是让我们身心合一，活在当下。

理性情绪疗法：
从信念上寻找焦虑的根源并消除不合理的信念

无论是主动放松还是被动放松，它们只是在缓解焦虑，而没有从根源上解决焦虑。想要进一步消除焦虑，就需要对产生焦虑的根源进行分析。上世纪50年代，心理学家艾利斯创建了理性情绪疗法，试图从根源去解决焦虑的问题。

艾利斯举了一个例子，两个同事在街上碰到他们的上司，但上司对他们的招呼视而不见，径直走过去了。一位同事觉得无所谓，因为他认为，"老板可能正在想别的事情，没有注意到我们"。而另一位同事则忧心忡忡，因为他认为，

"是不是上次我在会上顶撞了老板,他因此对我有意见就故意不理我了"。

同样的经历,但是不同的解读方式就会导致两种截然不同的情绪和行为反应。

我们通常认为,情绪是对外部事件的直接反应。而与我们的常识相反,**艾利斯认为外部的诱发事件只是引发情绪的间接原因,而人们对外部事件所持的评价、看法、解释才是引发情绪及行为反应的更直接的原因。**

在一些情况下,我们对外部事件不正确的认知和评价所引起的信念是不合理的,而不合理的信念会导致不适当的情绪和行为反应,最终将导致情绪障碍和行为问题。所以,消除焦虑的根本就是要找到并消除不合理的信念。

不合理的信念有三个特征:绝对化的要求,过分概括化的评价,糟糕至极的预期。

绝对化的要求是指一个人以自己的意愿为出发点,认为某件事必定会发生或不会发生的信念。这种信念通常会采用"我必须"和"我应该"这样的句式,例如,"我必须获得成功"。显然这种绝对化的要求不可能总是实现,因为一个人的成功不仅取决于他的才智与努力,还与外界的环境和条件有关。

再如,"我应该获得生活中每一位重要人物的喜爱和赞许"。这同样是一个绝对化的要求,因为即便是父母、老师、恋人等对自己很重要的人,也不可能永远对自己持一种绝对喜爱和赞许的态度。如果坚持这种信念,那就有可能放弃自我,为了取悦他人而委曲求全,最终形成**讨好型人格**。

过分概括化的评价是以偏概全,以一件或几件事的结果作为对自己或他人的整体评价。这种信念通常采用"非黑即白"的表达方式。例如,"如果我的孩子不是拔尖儿的学生,他就是差生"。

类似的不合理的信念有父母对孩子的——孩子是否值得我骄傲,在于他是否在人生中的每个环节和方面都能有所成就;有对同事的——世界上有些人就是很邪恶、很可憎,他们就是彻头彻尾的坏人。

非黑即白是一种信念上的法西斯主义,对自己往往会导致自责自罪、自卑自弃的心理以及焦虑和抑郁等情绪,对他人就会一味地指责和批评,并产生愤怒和敌意的情绪。所以艾利斯特别强调:"要评价一个人的行为,而不是去评价一个人。"也就是我们常说的"对事不对人"。

糟糕至极的预期是指对可能的结果总是有非常可怕、非常糟糕甚至是灾难性的预期。对危险和可怕的事物有一定的心理准备是很正常的,但过分忧虑则是非理性的,比如时时担心上街可能会出车祸,坐飞机可能会碰上劫机等等。这种杞人忧天式的理念只会使生活变得提心吊胆,忧心忡忡,焦虑不已。

破解不合理的信念是理性情绪疗法最具特色的地方,它源于古希腊哲学家苏格拉底的"产婆术"辩论法。苏格拉底把教师喻为"知识的产婆",因此苏格拉底的辩论术也被后人称为"产婆术"。这种辩论的方法是指从理性和逻辑的角度对不合理的信念进行挑战和质疑,从而动摇这些不合理的信念以产生合理的信念。

用苏格拉底的"产婆术"辩论法来破解不合理的信念

西方的教育学传统始于古希腊时代的苏格拉底、柏拉图和亚里士多德,而现代教育的启发式教学法就来自苏格拉底的"产婆术"辩论法。

所谓"产婆术"辩论法,就是在教学中,不直接将知识传授给学生,而是通过辩论的方式,来揭示学生认识中的矛盾，从理性和逻辑的角度对不合理的信念进行挑战和质疑，从而动摇这些不合理的信念，以产生合理的信念，逐步引导学生自己得出正确答案。

例如，苏格拉底在给学生讲述什么是"正义"时，他没有直接给出正义的定义，而是问学生"欺骗"是正义么。学生回答说：不是。

苏格拉底反驳道，如果将军在作战时欺骗了敌人取得了战斗的胜利，这是否是非正义的呢？学生回答道：对敌人的欺骗是正义的，只有对朋友这样做是非正义的。

苏格拉底进一步反驳：在战争中，将军为了鼓舞士气，以援军快到了的谎言来欺骗士兵；父亲为了使孩子恢复健康，以欺骗的手段哄孩子吃药，这些行为是否是正义的呢？
……

苏格拉底就是通过这一系列的辩论，使学生对知识有了更深入的了解。

艾利斯就是采用这种"产婆术"辩论法，来破解不合理的信念。以下是他举的几个例子。

> **COLUMN** —— "产婆术"辩论法示例 1

不合理的信念:

人生中的每个问题,都有一个正确而完美的答案,一旦得不到答案就会很痛苦。

辩驳:

人生是个复杂多变的过程,人生的问题总是层出不穷,有些问题有明确的答案,有些不一定有答案。即使有正确而完美的答案,可能也会随着情境的变化、时间的变迁,使得原来的答案不再是正确和完美的答案。

所以,对任何问题都寻求完美的解决办法是不合理的;如果坚持寻求完美的答案,只会使自己感到迷惑、失望和沮丧。

合理信念:

并不是所有的问题都会有正确而完美的答案,对于那些没有确定答案的问题不必穷究到底,更不必因为得不到完美答案而痛苦伤心。我们需要寻找的,是在当下条件允许的情况下,一个能够解决问题的足够好的答案。但求够好,不求最好。

> **COLUMN**
>
> ## "产婆术"辩论法示例2
>
> **不合理的信念:**
>
> 我应该被周围的人喜欢和称赞，尤其是生活中那些重要的人。
>
> **辩驳:**
>
> 人的一生中，不可能得到所有人的认同。即便是家人、亲密的朋友等对我们很重要的人，也不可能永远对自己持一种绝对喜爱和赞许的态度。更何况人不是为了他人的喜欢和称赞而活，人活着是为了自己。如果坚持要得到周围所有人的称赞，那就只能委曲求全来取悦他人，结果必然会使自己感到失望、沮丧和受挫，很难有自尊和自信。
>
> **合理信念:**
>
> 我只要不被周围绝大部分人否定和排斥，就可以认为是受欢迎的。

从上面的例子可以看到，**不合理的信念通常是我们不可控的因素，比如别人对我们的看法等，破解的办法则是学会放下，学会接纳失败；而对于不合理的信念中的可控因素，**

我们需要学会调整，比如调整生活节奏，让这些可控因素具有更高的弹性。

> **COLUMN 更多常见的不合理的信念**
>
> 以下是更多常见的不合理的信念，不妨尝试来辩驳一下，并建立合理的理念。
>
> ① 世界应该是公平的，我应该受到公平的对待。
>
> ② 做任何事我都必须成功，而且不能出错，只有这样我才是一个可信赖的人。
>
> ③ 人们应该在任何时候都做对事情。当人们行为卑劣、不公正或自私时，他们必须受到谴责和惩罚。
>
> ④ 心情是由生活境遇决定的，当事情进展不顺利，我就不可能开心。
>
> ⑤ 我的苦恼是因为我无法控制外在事件引起的，所以，我几乎没有办法让自己感觉好受一些。
>
> ⑥ 我必须时刻预防那些可能发生的危险、不愉快或可怕的事情，否则它们一旦发生我就束手无策。
>
> ⑦ 如果我能避免生活中那些困难的、不愉快的事情的话，我就会更加快乐。

> ⑧ 过去发生的事情是我的烦恼之源，而且它们现在还一直影响着我的感受和行为。
> ⑨ 当其他人遇到难题时我应该感到不安，当其他人悲伤时我应该感到难过。
> ⑩ 面对苦难我应该镇定自若。

想要摆脱焦虑，核心就是要找到不合理的信念，然后从不合理的信念出发进行推论。在推论过程中发现由不合理的信念产生的谬论，从而根据谬论来多次修正不合理的信念，最后演化成合理信念。

不合理的信念使人产生负性情绪，因此我们通过破除不合理的信念，就能从根源上摆脱焦虑等情绪困扰。

结语：
寻找生命的价值与人生的使命

焦虑研究奠基人之一、存在主义哲学之父克尔凯郭尔在《恐惧与颤栗》一书中指出：**焦虑是人面临自由选择时必然存在的心理体验，因为不同的选择意味着不同的未来。**所以，一个具有反讽意味的结论是，**自由选择意味着不可控。**

从上世纪60年代开始，在第一次和第二次世界大战的阴影下，冷战、核威慑、经济危机等让未来变得更加不可控，更加不可预知。不确定性和无依无靠的感觉必然带来焦虑——正如面对一条新路，我们无法预见路的彼端究竟隐藏着何种危险。所以，20世纪被心理学家称为"焦虑时代"（Age of anxiety）。

进入21世纪后，互联网的出现使得许多传统企业纷纷倒闭，而新的行业前途则晦暗不明。昔日的手机王者诺基亚宣布将手机业务全线出售给微软时，其CEO困惑道："我们并没有做错什么，但不知道为什么输了。"

近年来，人工智能的出现更是给我们的未来蒙上了阴影：我的行业什么时候会被人工智能取代？我们的碳基文明会不会被人工智能的硅基文明取代？诸如种种，21世纪更是一个焦虑时代。

克尔凯郭尔说，焦虑是人面对虚无和自由时产生的一种眩晕。古人云："生年不满百，常怀千岁忧。昼短苦夜长，何不秉烛游！为乐当及时，何能待来兹？"试图以及时行乐、酩酊大醉来应对虚无与不确定感，但收效甚微。

PSYCHOLOGY 心理学通识

"焦虑是人面对虚无和自由时产生的一种眩晕。"

克尔凯郭尔

1813年—1855年,丹麦宗教哲学心理学家,现代存在主义哲学创始人,后现代主义的先驱,也是现代人本心理学的先驱。

    现代心理学的正念疗法和理性情绪疗法,都是通过身心合一和塑造合理信念来寻找在当下的存在感与真实感。而存在感与真实感,则来源于对生命价值的信念和对人生使命的实现。以终为始,方得始终。

Chapter 2 掌控自我：
拥有一个不打折的人生

08

延迟满足：
慢慢来，反而快

米歇尔

如果孩子可以为了将来得到更多棉花糖而控制自己，那么他也就可以为了将来生活得更好去努力学习而不是看电视，并且他也会积攒更多的钱来养老。

你是愿意现在获得50元钱，还是半年后获得100元钱？从经济学的角度来讲，选择半年后的100元是更为理性的行为；但是，大部分人会选择现在获得50元，因为在他们的心理账户里，半年后的100元其实只值现在的30元左右。

这个现象被称为"延迟折扣"，或者更形象一点，我们称之为"时间折扣"。这是因为时间是把杀猪刀，不仅能让英俊少年变成油腻中年，也能让货物的价值打折扣。等待的时间越长，货物的心理价值就越低。

如果要问，300年前的工业革命和现在的信息革命有什么本质的区别，那么其中一个必然是前者"以物为中心"，而后者"以人为中心"。

工业革命的核心是提高生产力，从而在单位时间内产生更高的货物价值；而信息革命的核心则是让人的需求得到即时满足，从而减少时间折扣以保全货物价值。

1969年，美国军方把四所大学的计算机连接起来，由此诞生了互联网。从此，我们不需要等10天甚至几个月才能收到他人的邮件和信息。

1989年，蒂姆·李发明了万维网（world wide web，简称 www），可以在本地的计算机上显示千里之外计算机上的图片和文字。从此，我们不再需要行万里路，也能对世界各地的风土人情、时政要闻了如指掌。

1994 年，杨致远创建了著名的互联网门户网站雅虎（Yahoo！），把互联网上的众多万维网分门别类；四年之后，布林和佩奇创建了全球最大的搜索引擎谷歌（Google），从此大家可以在家里通过互联网查找任何信息，而不用四处寻找专家或去图书馆查询资料；1998 年，马化腾创立了中国最大的互联网综合服务提供商之一——腾讯，把人与人的即时通讯搬到了网上。

而现在的京东、美团等提供的到家服务，则是让在互联网上购买的商品快速到达购买者的手中。

生活在今天的世界，我们拥有了前所未有的机会获得即时满足。同时，我们的耐心也降到了最低——一项关于网络视频的研究显示，只要视频的加载时间超过两秒钟，人们就开始不耐烦地退出，仅仅 10 秒钟的等待就会让一半人关掉页面。

诺贝尔经济学奖获得者、心理学家卡尼曼一针见血地总结道："目光所及，便是一切。"

棉花糖实验：原始社会的享乐主义在今天的投影

对即时满足的偏好，并不是互联网时代成年人的专利。早在 20 世纪 60 年代进行的著名的棉花糖实验，就展示了即使是幼儿园的小朋友，也有即时满足的偏好。

> **EXPERIMENT**
> **棉花糖实验**
>
> 美国斯坦福大学心理学家米歇尔教授在斯坦福大学校园里的一所幼儿园找来数十名儿童，让他们每个人单独待在一个只有一张桌子和一把椅子的小房间里，在桌子上的托盘里有一颗这些儿童爱吃的棉花糖。
>
> 米歇尔教授告诉他们："我现在要出去一下，15 分钟后回来。你可以在这期间吃掉这颗棉花糖，或者等我回来再吃。如果你能等我回来之后再吃的话，我会再给你一颗棉花糖作为奖励。"
>
> 结果，大约三分之二的孩子没有等到米歇尔教授回来就吃掉了棉花糖。也就是说，在这些儿童的心中，15 分钟之后的两颗棉花糖的心理价值，不如当下的一颗棉花糖，所以他们选择了即时满足。

为什么我们对即时满足有如此强烈的偏好？要回答这个问题，我们必须从一个大的时间尺度来理解人类的行为。

在人类进化的这几百万年的绝大多数时间里，资源匮乏和生死无常是人类面临的最主要问题：食物不多，又容易腐烂；外有野兽环绕，内有疾病肆虐。

对于远古的人类来说，未来充满了不可预料的危机，生死未卜，所以有吃的就赶紧先吃掉，落肚为安，而不是储藏起来留给充满变数的未来。

这个猜测，在心理学家基德教授的实验中得到了验证。他的这个实验也是关于棉花糖的，不同的是，参与实验的孩子分别来自富裕家庭和贫穷家庭。

基德教授发现，那些更偏爱即时满足的孩子，往往来自贫穷的家庭——因为兄弟姐妹的竞争，如果不能快点把面前的糖吃掉，那么糖很快就会被兄弟姐妹抢走。

类似的，心理学家施耐德教授发现，当给高中生一笔两万元的奖金时，来自低社会阶层的学生更愿意立刻把钱花掉，而不是把钱存起来以备未来之需。

所以，与其说即时满足是享乐主义，不如说是人对未来缺乏安全感的自我保护。在恶劣环境中的人类是短视的。

延迟满足：为未来而等待

大约在 11000 年前，人类在约旦河西岸，耶路撒冷以北，建立了迄今为止被发现的人类历史上最早的城镇耶利哥。城镇的形成，使得人类开始免于野兽的袭击；而城镇附近农作物的耕种，使得人类有了固定的食物来源。

以此为开端，道德与法律的产生，军队与警察的出现，人类的环境变得平稳有序，未来的不确定性大幅度降低。在这个新的情形之下，即时满足这个由进化形成的优势行为，反而成为了我们今天的负担。

在微观层面，即时满足心理驱使我们暴饮暴食而不考虑未来的心血管疾病，我们寅吃卯粮而不考虑信用卡的高昂利息。

在宏观层面，即时满足心理驱使我们大肆浪费能源而不考虑温室效应，我们对环境过度开发而不考虑未来生态的多样性将遭到破坏。"今朝有酒今朝醉"式的即时满足，其实是以牺牲未来为代价的。

米歇尔教授对那些不愿意多等 15 分钟拿到第二颗棉花糖的孩子进行了追踪研究。结果发现：

当年那些不愿意等的孩子,在青少年时期,通常难以面对来自学业和生活的压力与挫折;他们处理问题的能力较差,难以维持与同辈的友谊;而且注意力不集中,成绩分数较低——在参加 SAT(美国高考)考试时,他们与那些可以等上 15 分钟的孩子相比,分数要低 200 分。此外,成年之后,他们的工资收入更低,且更容易发生肥胖、酒精成瘾或吸毒方面的问题。

米歇尔教授解释道:"**如果孩子可以为了将来得到更多棉花糖而控制自己,那么他也就可以为了将来生活得更好去努力学习而不是看电视,并且他也会积攒更多的钱来养老。**"

在物理世界里,时间的分布是均匀的;但是在心理世界中,时间的流淌则是快慢不一。"日拱一卒,功不唐捐",控制当下的欲望以期待未来回报的"延迟满足",正如同基于复利的投资,让财务如滚雪球一般越滚越大。

例如,投资大师巴菲特仅仅依靠约 20% 的年平均复利回报率,奇迹般地让 1957 年的 30 万美元,滚到了 2016 年的 700 亿美元,财富增加了 2000 多倍。复利投资有两个前提:一是不能把利息拿出来消费,而是需要再次放入到投资之中,因为迟来的回报比当下的收入更值钱;二是要慢,这里的慢不是指做事拖拖拉拉,三天打鱼,两天晒网,而是指心境稳、步伐稳、过程稳，不冲动、不冒进。

所以，儿童时期多等的这15分钟，收获的不仅仅是多一颗棉花糖，更是放大成了一个成功的人生。正是基于这个发现，以专门招收差生而出产优等生闻名的美国KIPP（Knowledge is Power Program）学校，其核心理念就是延迟满足决定人生。这一点在学校的校训上体现得最为充分："**先别吃棉花糖！**"

误区：吃得苦中苦，方为人上人

为了获得更大的收益，就要延迟眼前的诱惑，但是，我们要延迟的时间并不是以小时、天或者月为单位，而是以年为单位。

例如，要成为一名医生，需要12年；成为一名律师，需要8年；成为一名程序员，需要4年。那么，在这漫长的等待收益的过程中，我们需要如何来做，才能让我们熬过这漫漫的寒窗苦读夜无眠，为了梦想的那1%，去做人生中从来不愿意做的99%？

"延迟满足"按照字面意思，就是"先吃苦，后享乐"，也就是社会公认的一个人应对人生痛苦的"有效策略"——

不怕吃苦，敢先吃苦。

美国心理学家派克在《少有人走的路》一书中，建议通过重设人生快乐与痛苦的次序来实现"延迟满足"。他说："推迟满足感，意味着不贪图暂时的安逸，而是重新设置人生快乐与痛苦的次序：首先，面对痛苦并感受痛苦；然后，解决问题并享受更大的快乐，这是唯一可行的生活方式。"

但是，想要重设人生快乐与痛苦的次序，那就必须迈过两道难关：直面痛苦的勇气和承受痛苦的能力。这两道难关，对大多数人而言是难以跨越的，正如在电影《霸王别姬》中，小豆子哭着喊道："那些成了角儿的，得挨多少打啊！"

网络上有一类文章，我称之为悲情文。所谓悲情文，就是刻意用人世间的痛苦与不幸直击你的泪点。比如，一个来自贫寒家庭品格高尚的高考状元在社会上辗转挣扎，虽吃苦耐劳，勤奋向上，最后还是贫病交加，英年早逝。

这类卖惨的文字模式其实并不是互联网时代的新兴产物，而是自古就有。西楚霸王在乌江边上自刎时感叹"力拔山兮气盖世，时不利兮骓不逝"，把失败归结于天时的不利。南朝诗人鲍照更是将这郁郁不得志的悲情文发挥得淋漓尽致："自古圣贤尽贫贱，何况我辈孤且直！"意思是，自古以来，圣人贤者多半贫穷而地位低，更何况我们这些身世寒微

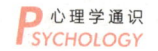

而又耿直的人呢!

这类悲情文之所以能经久不衰,其背后真正的原因是:没有一个人会承认自己吃的苦不够多,承受痛苦的能力不够强;怀才不遇,都是由阶层固化、官场腐败、社会堕落和小人当道等外在原因造成的。

要让他们向内归因,承认是因为能力不足、才华欠缺而又期望过高,会直接戳伤他们脆弱的自尊,让他们暴跳如雷或者一蹶不振。这也是导致我们痛苦的主因。

更关键的是,人的本能是趋利避害,逃避痛苦。试图用意志力来对抗这个本能,从而接纳痛苦,短期也许是可行的;但是长期来看,是无效的。

这是因为人的意志力是有限的资源,而凡是需要集中注意力、克服困难的事情都会消耗我们的意志力。心理学家鲍迈斯特教授形象地将意志力比作肌肉的力量——储备有限,用多了就会消耗殆尽。

让情况变得更糟的是"讽刺性反弹"效应。还记得第一章第一节里提到的粉红色大象吗?

在实验中,大学生的确能用意志力非常好地去控制自己的思维，不去想这只粉红色大象。但是，实验结束后，意志力被消耗殆尽，粉红色大象的身影就不断地出现在脑海中，挥之不去，持续几天甚至几周。

"讽刺性反弹"效应就是说当人们试着不去想某件事时，反而会比平时想得更多，比自己有意去想的时候还要多。正如我们努力减肥，结果是越来越肥；规划越宏大，拖延症就越严重；越是努力自控，就越是狼狈失控。

更具有讽刺意味的是，研究表明，一个人吃的苦越多，他可能越偏爱即时满足。

心理学家范尼斯特等人对比了在蜜罐里长大的美国"80后"（在1981—1999年出生的人）和在苦难中成长的"65后"（在1965—1980年出生的人）对延迟满足的偏好。

65后在80年代的经济衰退中成长，又经历了21世纪初的互联网泡沫破灭，在他们成家立业之际还要面对全球金融危机和经济下滑，因此牢骚满腹、焦躁不安。他们经历的这些苦难，并没有让他们在工作与生活中偏爱延迟满足。

而生长在信息爆炸和充满高科技时代的80后，更具有乐观的态度和天生的优越感，且自我意识更强。他们偏爱的是延迟满足。当今的中国，其实也有类似的代际差异。大家不妨观察一下国内85后与75后在吃自助餐时的行为——停不下来的,通常是75后。

所以,古希腊哲学家赫拉克利特总结道:"与心做斗争是很困难的,因为每个愿望都是以灵魂为代价换来的。"

"与心做斗争是很困难的,因为每个愿望都是以灵魂为代价换来的。"

赫拉克利特
约公元前544年—公元前480年,古希腊哲学家,朴素辩证法思想的代表人物,是第一个提出认识论的哲学家,著有《论自然》。

正确的办法：慢慢来，反而快

严格来讲，买彩票也是一种"延迟满足"的行为——为了未来的大奖，用抑制当下消费所节约下来的钱去买彩票。但是社会并不偏爱这种"延迟满足"，即使是那些中了大奖的幸运儿。

例如，惠特克曾是一名百万富翁，他白手起家，创立了一家拥有上百名员工的建筑公司。他家庭和睦，妻贤子孝。但这一切都因为他的中奖而改变了。

2002年的圣诞节，他花了大约100美元购买了强力球彩票，奇迹般地中了3.14亿美元，成为当时美国彩票史上最大的赢家。

但是，在短短的7年里，他酗酒、酒驾、炫富被抢，几乎败光了所有的意外之财；他的外孙女因吸毒过量死在了郊外，妻子与他离婚，公司倒闭，最终一文不名。

惠特克的故事不是个例，根据美国社会学家的调查统计发现，大约70%的彩票中奖者最后都宣告破产、欠债甚至锒铛入狱，他们破产的最主要原因是肆意挥霍、赌博、吸毒和投资失败。

有人说，这是彩票大奖的诅咒。其实本质原因还是在于实现未来目标的快与慢上。买彩票暴富的延迟满足在本质上与即时满足并无差异，因为买彩票暴富追求的是快。

不仅仅是买彩票，在当今互联网与人工智能领域"大众创业，万众创新"的大潮之下，"快鱼吃慢鱼"被创业者奉为金科玉律，拼速度、拼效率、拼融资，就连过马路都想闯红灯，哪有时间去思考"欲速则不达"这种问题。

但是，追求快速满足，往往带来的是快速透支。这是因为过快的自我满足，就如即时满足一样，一方面让我们心生愉悦，而另一方面则让我们短视。

慢慢地，企业不再关注公司的成长与发展，而是被日活、转化率、复购率和现金流这些投资人所看重的指标占据了所有的注意力。短视就必然带来短命，跑得快未必能跑得远，所以也难怪如今很多创业公司在早期就夭折了。

在众多的互联网创业者中，今日头条的创始人张一鸣认为，延迟满足是他最重要、最底层的特质。他认为一个不值得追求的延迟满足是："如果你一毕业，就把目标定为在北京市五环内买一个小两居、小三居。你把精力都花在这上面，那么工作就会受很大影响。你的行为就会发生变化，不愿冒风险。"

而一个值得追求的延迟满足是："持续学习进步，始终保持克制，做事不设边界，不对当下满足，专注长期目标，鲜有焦虑迷惘。"

在张一鸣眼里，如果把职业作为追求外在物质的手段，而不是把它当作一种信念、一条实现自我价值的途径，就很难达到一定的高度。

所以，延迟满足的本质是在保持当下均衡发展的前提下，把尽可能多的注意力和资源集中在最有价值的事情上。慢慢来，反而快。

人的终极价值：
把平凡的工作做成伟大的事业

什么是最有价值的事情？

上世纪 50 年代，美国兴起了一个强调人的尊严、价值、创造力和自我实现等内在本性，并将之与动物的本能加以区别的心理学学派——人本主义心理学。它是当代积极心理学的起源。

该学派的创始人马斯洛在《人类激励理论》一书中，将人的内在本性分成了由低到高的五个需求层次，分别是生理

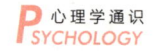

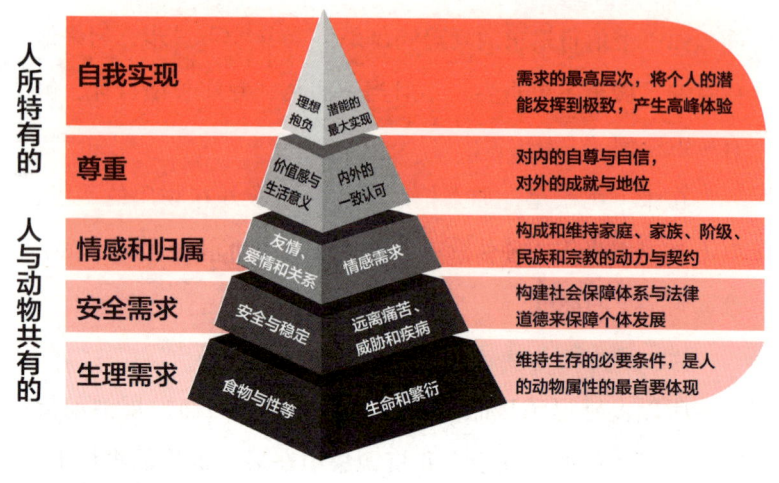

```
人所特有的         自我实现    理想  潜能的         需求的最高层次,将个人的潜
                          抱负  最大实现        能发挥到极致,产生高峰体验

               尊重      价值感与  内外的         对内的自尊与自信,
                       生活意义  一致认可        对外的成就与地位

人与动物共有的    情感和归属    友情、  情感需求        构成和维持家庭、家族、阶级、
                       爱情和关系              民族和宗教的动力与契约

               安全需求    安全与稳定 远离痛苦、       构建社会保障体系与法律
                              威胁和疾病       道德来保障个体发展

               生理需求    食物与性等 生命和繁衍       维持生存的必要条件,是人
                                              的动物属性的最首要体现
```

人的五个需求层次

需求、安全需求、情感和归属、尊重和自我实现。

生理需求,是指对空气、水、食物、睡眠和性等的需求。如果这些需求的任何一项得不到满足,人的生命和繁衍就会受到威胁,所以生理需求是人的动物属性的最首要体现。

在工作中,增加工资、改善劳动条件、给予更多的业余时间和工间休息、提高福利待遇等,就是以满足生理需求来激励员工的。

**第二层次的安全需求,是指对人身安全、生活稳定以及免遭痛苦、威胁或疾病的需求。我们的智能以及我们的情感，就是通过追求安全需求而不断进化出来的产物。大到城镇的出现与国家的萌芽、社会道德与法律体系的建立，小到公司的规章制度与五险一金的福利，其目的就是为人提供安全的需要。

第三层次是情感和归属的需求，包括友情、爱情以及隶属关系。 人不仅是一个生物性的动物，更是一个社会性的动物。一方面我们是构成社会网络的一个个节点；另一方面，我们所构成的社会又定义了我们每一个人的行为。

事实上，对人最严重的惩罚，不是生理上的刑罚，而是将其流放孤立。

此外，除了朋友、恋人和夫妻这种对等的关系外，孔子所强调的"君君臣臣父父子子"的关系，更是构成了我们社会层级的礼仪与从属。所谓家族、阶级、民族和宗教，便是基于此而产生的。

第四层次是对尊重的需求，包括一个人在各种情境下有实力、能胜任、充满信心、能独立自主等自尊与自信的内部尊重，以及有稳定的社会地位、个人能力和成就能得到社会承认的外部尊重。

无论是内部尊重还是外部尊重，指的都是一个人的价值感，也是延迟满足所应当追求的收益。只有当一个人基于正确的生活意义而行动时，他才能体会到强烈的个人价值感，才会满足对尊重的需求。

最后一个层次是自我实现的需求，也是人的最高层次的需求，是指实现个人理想、抱负，将个人的能力发挥到最大程度。

自我实现，并非要像爱因斯坦一样提出相对论或者像超级英雄一样拯救世界，而是指通过努力来实现自己的全部潜力，无论这个潜力是大是小。

比尔·盖茨在一次接受采访时说，虽然他的一生会捐献超过一千亿美元给慈善事业，但他并不是最好的慈善家。那些亲临贫困地区或灾区的志愿者、医院或养老院的义工以及放弃度假和其他良好条件来做慈善的人，才是世界上最好的慈善家——他们为了帮助他人而甘愿奉献。

所以，为满足自我实现需求所采取的途径因人而异，但其核心是要做让自己能够深刻体验到自己没有白活在这世上的事情。

为满足自我实现的需求，价值观、道德观可以胜过金钱、爱人、尊重，甚至社会的偏见。不是伟人才有资格去干

一件伟大的事情，而是任何一个人都可以把一件平凡的事情干成一件伟大的事情，从而自我实现。

上面的五个需求层次，可以进一步分为两级。

生理需求、安全需求、情感和归属的需求属于较低级的需求： 因为在动物身上我们也能观察到这些需求（比如对资源的抢夺），或者这些需求的一些原始形态（比如猴群的等级）。

这些低级的需求，通常可以通过外部条件（如通过金钱或者他人的给予）得到满足。古时候的"三十亩地一头牛，老婆孩子热炕头"和现在的"北京市五环内的小三居"，实现的便是这个级别的需求。

尊重与自我实现的需求则是高级需求： 它们无法通过金钱或者他人的给予来实现，而必须通过自我的设定和自我的努力才能实现。

虽然马斯洛的需求理论强调，只有在低级需求被满足之后，我们才能进入高级需求中；但是，我们可以不固着在低级需求中，沉醉于物质和金钱的满足，而应当在低级需求得到保障时，就可以将高级需求作为支配我们行为的首要内驱力！

更进一步讲，对低级需求的满足可以是快的，即时的，比如买彩票中了一笔大奖，比如创业的公司被收购等。而对高级需求的满足必然是慢的，因为一个人对尊重和自我实现的需求是在我们的探索和成长中逐渐成型的，并且这种需求是无止境的。

我们所追求的真正有价值的东西，从来都不是能够快速获得的。只有明白这一点，我们才有可能真正做到延迟满足。

结语：在做人上不分你我，在做事上不分边界，实现自我价值

当下社会，是互联网与人工智能的社会。一方面，科技拉近了人和人、人和社会的距离，让沟通变得更加高效，让学习变得更加便利。

但是另一方面，科技所创造的"快"，也造成了现代人的焦虑与不安——焦虑让人更倾向于选择能够即时满足却没什么兴趣和价值的工作；而不安则会让人失去自我控制，忽视与未来目标有关的眼前事物，无法真正活在当下。于是，众人只得在焦虑与不安中盲目地加速快跑。

与焦虑不安的人群相对的，是那些在做人上不分你我，

在做事上不分边界，更有耐心，更从容专注，读更多的书，思考得更深入，看淡功名利禄，不畏艰险和失败的人。

他们的目标不是如何尽快获得人生的第一桶金，也不是如何尽快在北京五环内买一套大房子，而是追求生活真正的意义。

只有在这种高级需求的驱使下，人们才能真正心平气和地延迟当下的诱惑，才能耐心而又执着地去等待未来的满足，实现自我的价值。

09

应用：
行动是解决拖延症的唯一办法

在网上，流传着一版未经考证的民国大师胡适的日记。

7月4日：新开这本日记，也为了督促自己下个学期多下些苦功。先要读完手边的莎士比亚的《亨利八世》……

7月13日：打牌。

7月14日：打牌。

7月15日：打牌。

7月16日：胡适之啊胡适之，你怎么能如此堕落？！先前定下的学习计划你都忘了吗？子曰："吾日三省吾身。"……不能再这样下去了！

7月17日：打牌。

7月18日：打牌。

现代主义文学的奠基人之一、《变形记》的作者卡夫卡也有与胡适类似的情况。为了写作,卡夫卡辞掉了每天需要花费十二个小时的工作,去工伤事故保险公司找了一份早上九点上班,下午两点下班的工作。

但是他并没有好好利用闲暇时间来写作,下班后,他吃午饭到三点半,然后午睡四个小时到晚上七点半;起床之后是锻炼身体和与家人吃晚饭;等到了晚上十一点,他终于开始写作了,但是并不是写小说,而是给未婚妻写情书——他总共写了超过五百封情书,而计划完成的三部小说却只开了个头。

胡适和卡夫卡是拖延症庞大群体的典型代表。

拖延指的是当一个人面对生活或者工作中必须完成的事情时,在心理上总是有意或者无意地回避,不主动及时行动,而是找各种借口拖延时间,即使他非常清楚不完成的结果会使情况变得更加糟糕。

在生活中,拖延对很多人而言并不陌生——一项对美国和加拿大大学生的调查显示,75%的大学生承认自己有过拖延行为,而50%的大学生把拖延当成家常便饭。严重的拖延会给身心健康带来消极影响,如出现强烈的自责、自我否定甚至负罪感,并伴有焦虑、抑郁等负性情绪。

测测你是否有拖延症

加拿大卡尔加里大学心理学家斯蒂尔在《拖延的公式》一书中，给出了一个对于拖延症的测试。不妨来测测你是否有拖延症。

指导语：这个量表是用来了解你是否有拖延行为。请仔细阅读下面的句子，选择最符合你情况的选项。请注意，这里要回答的是你实际上认为你自己怎样，而不是回答你认为你应该怎样。答案无正确与错误或好与坏之分，请按照你的真实情况来描述你自己。

	极少这样	较少这样	有时这样	经常这样	总是这样
1. 我将任务推迟到了不合理的程度。	1	2	3	4	5
2. 不管什么事情，只要我觉得需要做，就会立即去做。	5	4	3	2	1
3. 我经常为没有早些着手而后悔。	1	2	3	4	5
4. 我在生活中的某些方面经常拖延，尽管明知道不应该这么做。	1	2	3	4	5

5. 如果有我应该做的事情，我就会先做完它，再去做那些次要的。	5	4	3	2	1
6. 我拖得太久，这令我的健康和效率都受到了不必要的影响。	1	2	3	4	5
7. 总是到了最后，我才发现我其实可以把时间用在更好的地方。	1	2	3	4	5
8. 我很妥善地安排我的时间。	5	4	3	2	1
9. 在本该做某件事的时候，我却会去做别的事情。	1	2	3	4	5

计分方式：

"极少这样"计 1 分；

"较少这样"计 2 分；

"有时这样"计 3 分；

"经常这样"计 4 分；

"总是这样"计 5 分。

将这 9 道题的分数相加所得总分，即你的拖延症的得分。

19 分及以下：10 个人中有 1 个人是这样，完全没有拖延症。你的口头禅是："今日之事今日了，不然留着过年啊？"

20—23 分： 占人群的 15%，偶尔有拖延行为，但是基本上能够有计划地按时完成任务。

24—31 分： 大部分人的状态，有拖延行为，但是还没有到严重影响你的工作和生活的地步。

32—36 分： 占人群的 15%，拖延已经成为困扰你生活和工作的因素，你有时会因为拖延及其造成的后果而自责、自罪。

37 分及以上： 占人群的 10%，属于重度拖延症"患者"。在早期，以各种理由回避要做的事情；在中期，以各种誓言和责骂督促自己但是仍然不做；在后期，麻木，听之任之，最后习得性无助。

对拖延症的误解：因为懒而拖延

通常人们把拖延等同于懒，所以拖延症还有一个别称叫作"懒癌"，而这就相当于把拖延的原因归结于懒。古希腊诗人赫西俄德在长诗《工作与时日》中写道："今天的事不要拖到明天、后天。懒汉不能充实谷仓，拖沓的人也是如此。勤劳就工作顺当，做事拖沓总是摆脱不了失败。"

但是，这只是对拖延症的误解，**拖延症并不是因为懒。**

如果不是懒，那么究竟是什么原因导致了拖延呢？

拖延的罪魁祸首，其实是我之前就提到过的享乐主义。

在人类历史的这几百万年里，资源匮乏一直是人类面临的最主要问题。事实上，人类开始解决温饱问题，也就发生在最近这几十年不到一百年的时间里。由于食物不多，所以有吃的东西就会赶紧先吃掉，而不是储藏起来留给充满变数的未来。

可以说，享乐主义是人类在过去几百万年为了生存进化而来的，但它却让今天的我们把玩游戏和交朋友等容易干的、好玩的事情排在前面来做，无趣的工作则往后放。于是，拖延症就产生了。

如果追根溯源，其实这是我们的动物本性的体现。动物追求的唯一生活方式，就是及时行乐——没有对过去的回忆，也没有对未来的计划。

动物的生存法则只关注两件事情：简单和开心。在原始文明时期，睡眠、饮食和繁衍是部落的唯一主题，所以我们的祖先也只遵循简单和开心的及时行乐的原则就好，无须去谋划未来。

而在现代社会，我们不得不去谋划未来，为了未来的大目标而不得不现在去做一些困难而不开心的事情。

这个时候，就必然出现冲突——大脑负责制定规划、集中注意力以及控制冲动的前额皮层，就会与负责享受简单和快乐的皮层下的边缘系统发生冲突。

对于拖延者而言，就一直会挣扎在冲突中：前额叶的理性告诉他，应当着眼未来去做困难而不开心的事；而边缘系统的感性，则让他活在当下及时行乐。当前额皮层的神经活动不够强或者边缘系统过于活跃时，大脑过滤干扰的能力就会下降，从而导致分心，并降低对行为的管理能力，最终导致拖延行为。

此外，拖延者对未来的时间感知也存在偏差。他们总是觉得任务的截止日期还很遥远，不能真切地感受自己究竟还剩多少时间。所以拖延者总是会在截止日期快要到来的时候，才惊觉原来不剩什么时间了。

如果不是懒，那么究竟是什么原因导致了拖延呢？

拖延的三宗罪

第一宗罪：完美主义。

达·芬奇是个典型的拖延症"患者"。虽然他是人类文明史上最伟大的画家之一，但是他的画作并不多，真正完成的只有不到二十幅作品，其中《蒙娜丽莎》这幅画他花了十六年时间才完成。

1481年，达·芬奇接受了一所修道院的委托，创作《三博士朝圣》。由于他的拖延症已名声在外，所以修道院要求达·芬奇预支包括颜料等在内的相关费用，并约定若无法如期交付画作，那么已创作完成的部分将会被没收，而且不给予任何补偿。

达·芬奇原本打算全力以赴，并为此准备了多张草图，还在草图上做了大量修改。据后人研究考证，该画底稿中的人物超过六十个。但是随着创作的进行，达·芬奇意识到工作量的巨大，而自己也无法按期完成，于是开始减少背景中的人物数量；即使这样，他仍需要绘制超过三十个人物。七个月后，达·芬奇放弃了这幅画。

我们无从得知画作未能最终完成的真正原因，但其中一个可能的猜测是：完成如此宏大的画作，对一个完美主义者而言的确太过于艰巨了。

完美主义倾向与拖延之间存在着高度的相关——完美主义取向越高的人，发生拖延的可能性就越高。同时，拖延者常常以追求完美的理由来逃避失败。

在很多拖延的事例中，拖延者不是缺乏能力或者不够勤快——在达·芬奇创作《三博士朝圣》期间，他在日记中写道："切记，先求得勤奋，勿贪图捷径。"拖延者是通过拖延试图寻找更加完美的解决方案，但往往期望越高，失望越大；当事情的结果不再能达到预期的高度时，拖延最终就半途而废了。

完美主义者还有一个称号就是梦想家。一方面，完美主义者专注细节；但是另外一方面，对众多细节的精益求精，又让完美主义者心生恐惧而止步不前。

达·芬奇虽然完成的画作不多，但是他在笔记本上有大量的涂鸦，而这些涂鸦是各种伟大发明的原型图，如直升机、汽车、机器人等。但是这些图纸都缺乏细节，最终只能停留在纸面上而没有成为改变世界的发明。

所谓梦想家，就是有了很好的想法，但是却不愿意花时间干具体的事去实现它。

第二宗罪：自我设障。

我们对事情的满意度取决于事情的结果与我们期望的差值，即满意度＝结果－期望。

完美主义者是因为设置了过高的期望，于是导致拖延；

而自我设障者则是通过降低期望来提高满意度。例如,学生在考试前夜去看电影而不是去复习,以此来设置障碍。这样的话,如果考试成绩不好,就可归咎于复习得不够,而非自身能力不足;而如果考得很好,那么他便炫耀自己能力非凡,因为没有复习也能考得很好。

所以,自我设障者也被称为危机制造者,他们总在最后一刻才开始工作,在截止日期到来的最后一秒才画上工作的句号。对于他们而言,截止日期才是真正的生产力。

表面上,自我设障是故意做一些会妨碍自己表现的事情,来给自己一个成绩不佳的借口,即人为地降低自己的期望——通过拖延让自己在明显不充足的时间内完成一个任务,由此来提高对结果的满意度。

而更深层的原因,则是**因为拖延者既害怕失败,也害怕成功。**

害怕失败是因为害怕公开自己的缺点而选择拖延,他们的口头禅是:我要等到自己准备得更充分时再开始。

而那些害怕成功的拖延者则担心,如果自己这次成功了,下次面临新的任务时期望就会升高,同时新的任务可能更难完成,甚至会产生难以控制的后果,最终导致满意度下降。

总之，无论是害怕失败还是害怕成功，拖延都是最好的逃避可能出现的责任和更多期待的办法。

第三宗罪：悲观主义与乐观主义。

无论是悲观主义者还是乐观主义者，都容易有拖延行为。

悲观主义者要么过度担心，要么深感无助。悲观主义者常常会因为自信心不足，认为任务的难度超出了自己的能力，在缺乏对成功掌控感的情形下，他们就会认为拖延是逃避对自己自信心打击的最好办法。

当一个人长期因为拖延而不能从老师、家长、领导或同事那里得到肯定和表扬时，他就开始从失望到自卑，最后到麻木——"反正也做不好，那还不如不做"是他们内心的真实写照。

而乐观主义者则与悲观主义者正好相反，他们通常是自信心爆棚，觉得自己什么都能干，所以他们往往乐于同时接下多项任务。特别是在当今快节奏且复杂多变的社会环境下，可选择的、有趣有价值的事情太多，而他们往往很难平衡多角色、多线程的任务。

所以，当他们面临一大堆要做的事的截止日期，才会发现无论如何勤奋，都无法完成所有任务，此时就会处于焦虑无助的状态——这在职业心理学中被称为倦怠（burnout）——太多事了，太累了，干脆什么事都虎头蛇尾或者就不干了。很多时候，做减法远远要比做加法难很多。

无论是完美主义，还是自我设障、自我评价偏差导致的拖延，都会越拖越严重；而且时间越紧迫，截止时间越接近，反而越浪费时间。

在这个时候，我们就会开始指责自己，试图通过谴责自己之前的拖延，而让自己重新振作起来。

遗憾的是，越是指责自己，反而越拖延。这是因为我们应对拖延症的方法出现了问题。

对抗拖延症的三个误区

在日常工作与生活中，我们通常会借助内在的意志力、外部的压力以及自责反省这三大法宝来对抗拖延症。但是，这三大法宝不仅不能遏制拖延行为，反而会将拖延行为进一步恶化。

面对拖延症，我们首先依靠的是意志力，但因为意志力是一个非常有限的心理资源，所以很快就会耗竭一空。下面这个实验，就清楚地展现了意志力是如何被快速消耗一空的。

> **EXPERIMENT**
>
> **意志力快速消耗实验**
>
> 心理学家让大学生禁食一天后,去完成一项非常难而且非常无聊的任务,看大学生们能坚持多久才放弃这个任务。
>
> 这些大学生被随机分成两组:第一组直接完成任务;而第二组在完成任务时旁边放着饼干,但是不能吃。
>
> 结果,第一组坚持了20分钟,而第二组只坚持了不到10分钟就放弃了。这是因为第二组的意志力一部分在抵抗饼干的诱惑时被消耗掉了,于是他们不再有意志力来完成任务。

《悲惨世界》和《巴黎圣母院》的作者雨果清楚地知道这一点,为了不让自己出去娱乐,他写作时必须脱光衣服,并吩咐仆人将他的所有衣服都从房间里拿走,这样他就只能待在家里写作了。《白鲸记》的作者梅尔维尔对自己更狠,他在写作的时候,会让他妻子把自己锁在桌子边。

在当今的生活中,移动互联网的出现,使得我们身边唾手可得的诱惑的数量呈爆炸式增长——游戏、视频、微博、微信朋友圈等。我们需要极强的意志力才能抵抗这些简单、开心的事而静下心来工作。**所以，我们的拖延症之所以越来越严重，不是我们意志力薄弱，而是诱惑太多。**

既然内在的意志力不行，那么我们是不是可以靠外在的压力对抗拖延症呢？是不是截止日期马上来临的压力就会让我们的肾上腺素飙升，把我们的智慧和想法压得井喷而出呢？

答案是否定的。因为压力过大时，我们就会焦虑。焦虑的时候，大脑就需要一种叫作多巴胺的神经递质来对抗焦虑。而打游戏、刷微博、刷微信朋友圈、看电影、看电视等娱乐，则是让大脑产生多巴胺最快的途径。

所以，越接近截止日期，压力和焦虑就越大，也就越需要多巴胺；这个时候，游戏等的诱惑力就会更大，而我们花在游戏等上面的时间就更多。这就解释了为什么时间越紧迫，截止日期越临近，我们反而更容易浪费时间。

更糟糕的是，**焦虑促使我们浪费时间以缓解压力，而浪费时间本身又会让我们更焦虑，于是就进入了恶性循环。**所以，靠外在压力来对抗拖延症也是不行的。

当内部的意志力和外在的压力都不足以帮助我们解决拖

延症时，我们就会开始指责自己。遗憾的是，指责自己对解决拖延症也没有任何帮助。

达·芬奇在画《三博士朝圣》时，因为进展缓慢而截止日期又临近，便开始指责自己。在他的日记中，他抄写了一段但丁《神曲·地狱篇》中的文字来指责自己："没羞耻的人！坐在羽绒垫子上，躺在毯子下面，如何扬名天下；没有声名，人生就是虚度，在世上留下的尾迹，犹如水中的泡沫或风中的烟雾。"

但是，达·芬奇最后还是放弃了这幅画作。因为，自责不仅不能帮助我们改变拖延的现状，更糟糕的是，自责还会使我们自尊心下降，觉得自己一无是处，甚至开始厌恶自己，引发抑郁的负面情绪。而抑郁会让注意力分散、精神疲惫、活动减少，最终"放弃治疗"，变成重度拖延患者。

所以，**越指责，越拖延**。

行动是解决拖延症的唯一办法

既然意志力、压力和自责都不能解决问题，那么什么方法能解决拖延症呢？答案其实非常简单，那就是行动，而且行动是解决拖延症的唯一办法。

具体而言，想要解决拖延症，可以分为四步来行动。

第一步，把大目标化整为零。

即把一个大目标拆分为若干小目标，然后再一个一个小目标来实现。因为在完成任务时，我们总是倾向于优先完成离自己能力更近、看上去更容易的目标。

因此，为自己设定合理的、符合自己能力的小目标，我们就会更容易开始任务，并且也更容易完成任务。同时，完成了的小目标，又会为我们实现整个大目标增加信心。

第二步，清空桌面。

把工作桌面上所有有诱惑的东西清除掉，只留下工作内容。例如加拿大诗人、作家阿特伍德在互联网上非常活跃，但是她意识到网络活动影响了她的写作，所以她用于写作的电脑是没有连网的，而能够上网的电脑则被放在办公室另外一侧的桌子上。这样做是为了不让触手可及的诱惑消耗自己的意志力，从而让意志力全部集中在当前任务上。

同时，我们还可以在桌子上留一个便签，用于记下与当前内容不相干的想法。例如，突然想起来今天淘宝上有一个打折活动，先不要做，只是记下来，等完成了当前的小任务之后再去做这件事情。

这是因为未完成的任务会让人觉得自己一事无成，从而产生焦虑等负面情绪，而这个时候就容易把注意力分散到其他事物上。例如开始做作业就想起了练琴，刚准备写作就想起了要回微信等。这种"精神补偿"的行为是通过完成一些别的容易做的事情来让自己感到"有产出"，从而降低焦虑感。

第三步，也是最重要的一步，就是行动。

正如一句谚语所说："To build a house, you need to put one brick on top of another."（不积跬步，无以至千里。）请记住：**只要行动了，不管做什么，都是好的**。例如，当你拿起笔准备写作却不知道该如何写时，不要这么快放弃，可以先找一项简单的活动过渡，例如抄写歌词或者抄一段书。

只要迈出了第一步，哪怕是很小很小的一步，都会让浮躁焦虑的心平静下来，然后就可以逐渐进入工作状态了。

第四步，奖励，即及时反馈，为每一个小目标的实现设定一个小的奖赏。

我们对于任务的抗拒会影响我们的实际执行力，而奖励会通过提高我们对任务的价值判断来减弱我们对任务的抗拒。同时，主管我们动物属性的大脑的边缘系统时时刻刻都在等待着奖励——每当完成一个小任务，大脑就处于疲倦状态，就需要点多巴胺来加加油；而吃个冰激凌、看个2—3分钟的视频，是产生多巴胺的最好方法。

需要注意的是，这个奖励不能是过度满足——例如工作五分钟，玩耍两小时。记住：奖励应该是为了帮助自己更好地完成任务而设立的。

通过以上四个步骤，就可以行动起来，而不是无休无止地拖延。

进阶：小步快跑，迭代升级

行动只是开始，我们还需要把任务在截止日期之前完成好。这个时候，我们就需要进阶的方法。

进阶的方法也分为四步。

第一步，增强对未来的现实感，选择合适的计时方式。

我们对于未来是缺乏现实感的，因此选择合适的计时方式，会让我们更好地体会时间的流逝和紧迫感。例如，如果对一个人说他剩下的寿命还有40年，很多人可能会感到来日方长，并不着急；但是如果告诉他剩下的寿命只有不到15000天，很多人可能就会感到所剩时间不多，从而有一种紧迫感。

这是因为天是比星期、月和年更短的时间单位，因此更容易带来对未来的现实感。甚至也有研究者建议，用倒计日或者倒计时来帮助我们更好地体会时间的流逝和截止日期的逼近。

所以，在做规划时，将计划拆分到天要比拆分到周要有效许多，将执行计划用倒计时的方式计时比正向计时要有效得多。

第二步，从难到易。

在时间管理理论中，任务可以按"重要"和"紧迫"两个维度分为四种类型：重要且紧迫，重要但不紧迫，紧迫但不重要，既不重要也不紧迫。

高效的处理方式是立刻处理"重要且紧迫"的事情，但是拖延者的做事习惯却是去做剩下的那三种类型的事情。例如，开始准备会议报告时，发现桌子很乱，于是决定先整理桌面（急迫但不重要），然后去网上购买点收纳工具（不急迫也不重要）。一通操作下来，时间过去了，而会议报告却只字未写。

所以，当有多个工作需要完成时，从重要且紧迫的开始。这里，有一个判断什么是重要且紧迫的事情的诀窍，那就是最不愿意干的事，一定是重要且紧迫的事。所以，把这最不愿意干的事作为每天工作的第一件事。

之所以要从最不愿意干的事情开始,是因为在开始的时候,我们的意志力最强,大脑需要的多巴胺最少。而且,一旦我们完成了对我们而言最难的任务,我们的心里会充满自豪感,而这份自豪感会帮我们补满意志力,送上多巴胺,让我们能继续下去。

第三步,仪式化行为。

比如你有一顶非常喜欢的帽子,那么你在工作的时候就把帽子戴上;不工作的时候,就把帽子拿下来。或者你可以在工作的时候,把喜欢的小玩偶或者装饰品放在桌子上,工作结束就收起来。

这就是心理学中的条件反射,就像巴甫洛夫的狗听见了饲养员的脚步声就会自动分泌唾液一样;而当这个具有仪式感的小物件出现你在面前的时候,你就会自动进入工作状态。

第四步,也是最重要的一步,就是一定要破除完美主义。

硅谷企业家莱斯在《精益创业》中提出了互联网时代创业的法则:"小步快跑,快速迭代。"这同样也适用于破除完美主义,即先快速完成一个粗糙简陋的版本,然后不断地迭代更新。

我在写作时，会先列一个大概的要点，然后拿着录音笔围绕这些要点信马由缰地讲一到两个小时。讲完之后，我再通过软件把这些录音转录成文字，然后拿着这些文字进行梳理。梳理好之后，我再根据内容重新制定一个新的框架，然后根据新的框架开始增删，达到预期的长度。最后，再润色文字，让它变得优美生动起来。

这样，一篇粗糙的文稿就变成了一篇内容聚焦、层次清晰的稿件。正如罗马不是一日建成的，一项完美的工作，总是从粗糙开始。

结语：
毁灭人类最简单的方法，就是告诉他们还有明天

拖延的英文是 procrastination，由两个拉丁词根合成，分别为"pro-"和"crastinus"。"pro-"的意思是"向前"，而"crastinus"的意思是"明天"，合起来便是"向前推到明天"。

正如明朝状元钱福的《明日歌》所说："明日复明日，明日何其多。我生待明日，万事成蹉跎。"**所以，毁灭人类最简单的方法就是告诉他们还有明天；因为还有明天，他们今天就不会努力了。**

Chapter 2 掌控自我:
拥有一个不打折的人生

拖延症的本质就是对未来的透支——今天欠下的债,明天偿还;明天欠下的债,未来偿还。所以,拖延得越久,就越偿还不起,而未来就更加惨淡。

同时,作为拖延症的主体,**拖延者对"未来的自己"缺乏同理心,缺乏感受,缺乏认可。**

拖延者只能看到"现在的我",所以往往以牺牲"未来的我"的成就来换取"现在的我"的片刻快感。**拖延,是对未来的失控。**

更糟糕的是,在生活中,我们遇到的更多的是没有截止日期的事情。看望父母、与孩子沟通,保持健康、维系情感,或者从一段不合适的感情或工作中抽身等,这些都是没有截止日期但是"重要且急迫"的事情。

但是对于拖延者来说,这些没有截止日期的事总是意味着"还有时间""下次吧""还有机会",到最后却只剩下"子欲养而亲不待"的情形。

拖延,是对自我的孤立与放逐。

拖延虽然不是精神疾病,但是它常常无声无息地折磨着我们,让我们成为生活的旁观者——让拖延者最沮丧的,不是拖延让他们没有实现梦想,而是他们还没有开始追寻梦想,一切就已经结束。

拖延并不是因为我们懒,也不是因为我们的意志力不够强,更不是因为我们所承受的压力不够大,所以我们不必焦虑和自责。

我们应当以原谅和接纳来取代自责,因为那些懂得自我关怀的人,往往会更加自律,能更好地掌控自我。

同时,我们应当用行动来取代焦虑,因为只要行动,所有问题就必然能得到解决!

Chapter 2 掌控自我：
拥有一个不打折的人生

● 本章结语

我们无法控制这个世界，却可以控制自己看待世界的方式

人的一生，唯控制二字。在岁月的河流中，我们时而顺流而下一日千里，时而蜿蜒曲折盘旋不前，时而潜流暗礁险象环生。能真正掌控住的，其实少之又少。所以，人生艰难，也唯艰难二字。

棉花糖实验的设计者米歇尔教授说："**我们无法控制这个世界，但我们可以控制自己如何去看待这个世界。**"

所以，在这一章中，我们讲述了活在当下以实现对当下的控制，以及利用对未来的期望来指引当下的行为。由此，未来与现在融为一体，身心合一。

这还不够。

在应对焦虑和拖延症时，我们看到行动是掌控人生最有效的方法。**我们以行动去结束，以此告别过去；我们通过行动去追寻梦想，以此开启未来。**

但是，无论是结束还是开始，都需要勇气。而勇气来源于自尊，来源于自信，来源于理性平和。而自尊自信，理性平和，才能让我们具有积极的心态，最终超越自我。

参考书：

05　**控制**：埃伦·兰格，《专念》

06　**专念**：卡巴金，《此刻是一枝花》

07　**焦虑**：艾利斯，《理性情绪行为疗法》

08　**延迟满足**：马斯洛，《人类激励理论》

09　**拖延症**：米歇尔，《棉花糖实验》

GENERAL PSYCHOLOGY

Chapter 3

超越自我，追求幸福

年轻时，我们把才华写在脸上，无所畏惧；随着年龄的增长，我们褪去锐气和光芒，变得谦卑与顺从。心理学家马斯洛说，我们不仅压制自己危险的、可憎的动物本能，我们也常常压制自己向真向善向美的人性。

序言 PREFACE

成长的恐惧

年轻的时候,我们把才华写在脸上,无所畏惧;随着年龄的增长,我们把谦卑与宽容放在脸上,而才华则被收纳进了心中,失去锐气与光芒。

这是因为在现实社会中,优秀的个体也会被要求学会像变色龙一样披上谦卑的外衣。即使是一个聪明人坦承他聪明的事实,也会被认为是在宣扬自己的卓尔不群;于是,大众会感到被冒犯,由此引起对立的反应甚至敌意。

我们必须有强大的自尊、坚定的自信才能够打破常规,做出具有创新性的工作,完成使命,最终实现自身的潜力。于是,优秀的领导者、艺术家或者科学家就不得不面对冲突:一方面,他有强烈的内驱力为着伟大的使命去实现自身的潜能;另一方面,他意识到大众会把他的出众能力与宏大使命看成是一种冒犯、一种威胁。

所以,在现实生活中,优秀的个体便常常通过贬低自己来避免他人的攻击。自黑,成为聪明人不得不采用的防御手段。

泰戈尔在《园丁集》里这么写道："我想对你说出我要说的最真的话语，我不敢，我怕你不信。因此我弄假成真，说出和我的真心相反的话。我把我的痛苦说得可笑，因为我怕你会这样做。"

泰戈尔早就发现，自黑才是面对生活最安全的方式，能坚固地将自我与伤害隔离开来。

但是，深藏在潜意识里的本性并不能够完全被压抑甚至消除。当它不能够被直接地、酣畅淋漓地表达出来，冲突就会产生。

事实上，**以焦虑为核心特征的神经症患者便可能是因为惧怕敌意和孤立而过度压抑自己的人。为了获得接纳，他放弃了实现潜能和追求幸福的权利，变得谦逊、逢迎甚至还可能有受虐倾向。**

从大众的角度看，他是典型的好人：谦逊、顺从、低调、宽容；但是在个体内部，他主动放弃了人格的独立性，而变成讨好型人格，削弱甚至停滞了自己的发展。最终，他逃避了为之而生的任务，逃避了自己的命运。

人本主义心理学家马斯洛说，**我们不仅压制自己危险的、可憎的动物本能，我们也常常压制自己向真向善向美的人性。**

如何超越对成长的恐惧，如何超越对伟大的逃避？

10
自尊：
以富裕的心理资本对抗贫穷的物质资本

威廉·詹姆斯

自尊 = 成功 ÷ 抱负

自从出现人类文明以来，贫穷一直是阻碍我们发展的最主要外在因素之一。

网络上流传着这样一句话："贫穷限制我们的想象"。在这句略带戏谑的话背后，是一个艰难的事实：在涉及智商、语言、自控力等方面的心理和认知测试中，来自贫穷家庭的孩子，整体表现都低于同龄人的平均值。

最近，哥伦比亚大学的一个研究小组，对美国1000多名儿童和青少年的大脑结构进行了分析。心理学家发现，那些家庭年收入低于2.5万美元的孩子，他们的大脑皮层的表面积，要比家庭年收入15万美元以上的孩子小6%。这种差别主要集中在大脑的高级认知功能区域，包括记忆、语言加工、抑制冲动以及自我调节等。

所以，贫穷不仅仅限制了我们的想象力，它更损伤了我们的想象力。更糟糕的是，贫穷还损害了我们的心理健康。

大量的心理学研究表明，贫穷是产生压力的最主要源头之一。贫穷引发的经济压力、学习压力、交往压力、世俗观念压力等，会导致焦虑心理、自卑心理、闭锁心理、抑郁心理甚至负疚心理的产生。

所以,来自贫穷家庭的孩子从高中毕业、被大学录取、获得学位的难度更大,成年后拿到的薪水更低,也更容易失业。这就形成了贫穷的恶性循环,最后导致阶层固化。可以说,贫穷就是万恶之源!

究竟应该如何做,才能打破贫穷的诅咒,才能打破阶层固化?

高自尊是抵抗贫穷的心理防线

心理学家对夏威夷考艾岛 698 名来自贫困家庭的儿童进行了追踪研究，他们发现了打破"穷人恒穷，富人恒富"恶性循环的一线希望：并不是每个贫穷的孩子都有悲惨的未来；有些孩子摆脱了贫穷的恶性循环，成长为有竞争力、有自信的成功人士。

类似的结果也在一项对伦敦高犯罪贫民窟的追踪研究中被发现了。心理学家分析了这些来自贫困家庭的成功人士，发现这些人都有一个共性，那就是他们具有高自尊。

什么是自尊？自尊，也称为"自尊心"，是个体基于自我评价而形成的自重、自爱，并同时要求他人、集体和社会尊重的情感体验。

心理学家罗森伯格曾编制了一个用于测试自尊的量表——罗森伯格自尊量表。不妨来测测你的自尊在什么水平。

指导语：这个量表是用来了解你是怎样看待自己的。请仔细阅读下面的句子，选择最符合你情况的选项。请注意，这里要回答的是你实际上认为自己怎样，而不是回答你认为你应该怎样。答案无正确错误或好坏之分，请按照你的真实情况来描述自己。

	非常符合	符合	不符合	很不符合
1. 我感到我是一个有价值的人，至少与其他人在同一水平上。	4	3	2	1
2. 我感到我有许多好的品质。	4	3	2	1
3. 归根结底，我倾向于觉得自己是一个失败者。	1	2	3	4
4. 我能像大多数人一样把事情做好。	4	3	2	1
5. 我感到自己值得自豪的地方不多。	1	2	3	4
6. 我对自己持肯定态度。	4	3	2	1
7. 总的来说，我对自己是满意的。	4	3	2	1
8. 我希望我能为自己赢得更多尊重。	4	3	2	1
9. 我确实时常感到自己毫无用处。	1	2	3	4
10. 我时常认为自己一无是处。	1	2	3	4

计分方式：

"很不符合"计 1 分；

"不符合"计 2 分；

"符合"计3分；

"非常符合"计4分。

第3题、第5题、第9题和第10题为反向计分题，即在这些题上，"非常符合"计1分，而"很不符合"计4分。

将这10道题的分数相加所得总分，即你的自尊得分。自尊分值越高，自尊程度也越高。一般而言，25分以下为低自尊，26—32为中等程度的自尊，33分及以上为高自尊。

高自尊的人，对自己的能力，还有自己存在的价值是高度认同的，从而呈现出自信的形象。那些高自尊的人，还会进入一种良性循环：由于他们在生活和工作中都表现出了社会所期待的良好形象，社会也会给他们良性的反馈，使得他们不断地提升自尊。

而低自尊的人常常倾向于觉得自己是一个失败者，常常感到自己一无是处。低自尊的人呈现给社会的，往往是自暴自弃、自怨自艾、自轻自贱等这些我们称之为自伤性的形象，即对自我的伤害。

自尊究竟是如何成为抵抗贫穷的防御手段的呢？那些从贫穷环境中走出来的孩子，真的是因为高自尊才获得成功的吗？

我的实验室曾经做过这样一项研究，来探究自尊的认知神经机制。我们把大学生分成了四类：来自富裕家庭的高自尊的大学生与低自尊的大学生，来自贫困家庭的高自尊的大学生与低自尊的大学生。我们用磁共振脑成像仪扫描了他们的大脑结构，特别是位于大脑底部的一个核心器官：海马体——海马体因为形似海马而得名，它是我们学习、记忆、压力管理等多种心理和认知功能的中枢。

首先，我们发现来自贫困家庭大学生的海马体体积的平均值，要显著小于那些来自富裕家庭的大学生。这个结果和之前的心理学和神经科学的研究一致，印证了贫穷不仅使得我们的物质环境匮乏，同时也影响到了我们的大脑结构功能。

但是这个研究的另一个结果，则让我们看到了破解贫穷诅咒的一线光明。我们发现那些来自贫穷家庭但是具有高自尊的大学生，他们的海马体的体积平均值，和来自富裕家庭大学生的海马体的体积平均值没有显著的差别！

也就是说，**自尊会在贫穷所带来的压力源和人的心理世界之间建立起一道牢不可摧的防线，帮助来自贫困家庭的孩子摆脱贫困的恶性循环。**

自尊，我们如何评价我们自己，更是我们人类的一种重要资本，我们称之为心理资本。而家里有几栋楼房，有多少存款和投资，这些都是物质资本。**物质资本的高低，决定了我们在物质世界是富裕还是贫困；而心理资本的高低，则决定了我们心理世界是富裕的还是贫乏的，是丰富的还是寡趣的，是幸福的还是不幸的。**

自我增强：
寻求积极评价，避免负面反馈

既然自尊如此重要，那么我们应该如何提高自己的自尊呢？

事实上，我们绝大多数人对自我的评价，通常都比实际情况要高不少。例如，有人问你，你开车的水平怎么样？比平均水平高还是低？我知道你的答案很可能是：比平均水平高。

有趣的是，几乎每个人都会这么回答。但是，如果大部分人的驾驶水平都高于平均水平，这怎么可能呢？平均水平的意思就是一定有一半的人的驾驶水平在平均值之上，而另外一半的人在平均之下。

不仅仅是开车水平，对于其他问题，我们也能得到类似的答案。例如，大部分人会说他们的智力水平比平均值要高，大部分商人会说他们要比对手更有竞争力，大部分组员会说他们的贡献超过组内的平均水平。

我们之所以在多数情况下会出现对自己的评价高于自己的实际能力，是因为**我们每个人都有对自尊的严密保护机制：一方面，我们会努力证明自己实力超群；另一方面，我们会主动规避别人对我们的负面反馈。**

为了清楚地展示这一点，心理学家让作为受试者的大学生把手放入刺骨的冰水中，测量他们对疼痛的忍耐时间。

EXPERIMENT 冰水实验

在实验中，心理学家对一组大学生说："你的手越能忍耐刺骨的冰水，表明你的心脏越好。"而另外一组大学生却被心理学家告知："你的手越不能忍受冰水的寒冷，表明你的心脏越好。"

结果非常有趣：那些被告知手在冰水里放得越久心脏越好的大学生，他们把手放在冰水里的时间就比另一组大学生更长。

这些大学生，只不过为了证明自己拥有一个强健的心脏，于是不惜忍受冰水的刺骨寒冷。可见我们对于"证明自己很好"这件事是多么上心。

在证明我们很好的同时，我们还会主动规避别人对自己的负面反馈。

> **EXPERIMENT**
> **"走神大法"实验**
>
> 在一个实验中，心理学家先假装测试了大学生的智商，然后很遗憾地告诉这位大学生他的智力远低于平均水平，即给他一个负面的反馈。
>
> 如果此时让这个大学生从一群人嘈杂的声音中把自己的声音分辨出来，正确率会直线下降。
>
> 为什么？因为他刚刚得到对自己的负面反馈，于是就会假装不认识自己，试图通过逃避的方式维护自尊。这与在生活中，当我们得意扬扬、精神抖擞时总爱照镜子是一个道理。

所以，当获得负面反馈时，我们会刻意让自己的注意力分散，从而抵消负面评价对自尊的冲击，这种维护自尊的方法可以称为"走神大法"。

除了走神大法之外,在日常生活中我们用得更多的是"代偿大法"。我们显然对"虽然……,但是……"这样的句式非常熟悉,例如:"虽然我很丑,但是我很温柔。"

代偿大法就是用一个我们擅长的或优秀的特质,来代替、补偿我们不擅长的或不够好的特质。

> **EXPERIMENT** "代偿大法"实验
>
> 在一个心理学实验中,心理学家假装测试了实验参与者的智商和情商,然后问他们:什么是预测幸福婚姻的关键因素?
>
> 那些被告知情商低的人,说情商不能预测美满婚姻,智商才是关键。
>
> 相反,那些被告知智商低的人,则说智商不能预测美满婚姻,情商才是关键。

也就是说,自己擅长的,才是重要的;而自己不擅长的,根本就不重要。代偿大法的目的就是让自己觉得自己擅长的品质才是重要的、有用的,从而保护我们的自尊。

无论是寻求积极评价,还是逃避负面评价,我们像爱惜生命一样呵护我们脆弱的自尊。遗憾的是,通过自我增强换来的高自尊是虚假的高自尊,是我们日常生活中所说的"虚荣心",并不能成为我们抵抗贫穷侵袭的坚固防线。

那么,如何才能获得真正的高自尊呢?

实现高自尊:降低不合实际的抱负

现代心理学之父、哈佛大学心理学教授威廉·詹姆斯提出自尊等于成功与抱负之比,**即自尊 = 成功 ÷ 抱负。也就是说,自尊不仅取决于成功本身,还取决于对于成功的预期。要么获得高自尊,要么获得更大的成功,要么就降低抱负,或者二者兼有。**

对于更大的成功导致更高的自尊这一点,很容易理解。但是对于降低抱负这一说法,却让人感到有点不舒服——都说一个人应该有鸿鹄之志,而不是为五斗米折腰,为什么获得高自尊却要反其道而行之?这不就成了一个胸无大志,庸庸碌碌的人么?这样的人生还有什么意义?

在《大鱼》这部充满天马行空想象力的电影里，有这么一句父亲告诫儿子的话："在小池塘里，你是条大鱼。可现在这儿是大海，你会淹死的。"这句话的背后就是教育心理学家马什发现的**"大鱼小池塘效应"**。

马什教授的研究对象是那些智力超常的儿童。他发现，在普通班里的超常儿童要比在超常班里的超常儿童学业成绩更高，且焦虑水平更低。更重要的是，在普通班的超常儿童有更高的自尊。

随后，马什教授与香港中文大学教育心理系的侯杰泰教授在北美洲、南美洲、澳洲和欧洲的26个国家和地区，中科院心理所的施建农教授在我国，也开展了类似的研究，发现该现象具有跨文化的普遍性——同样能力的学生，无论是超常儿童还是普通学生，在平均能力较高的学校，其自尊水平较低，学业成绩也更差；而在学校平均能力较低的学校，其自尊水平较高，学业成绩也更好。

更糟糕的是，在平均能力较高学校中的学生的志向不再远大，对学业的投入度也随之下降。进一步追踪研究表明，随着在超常班学习时间的增加，学生的自尊水平持续下降。

马什教授用社会比较理论进行解释：**因为我们主要是通过与他人的观点和能力进行比较来评价自己的观点与能力，**

而比较的结果对我们的行为和自我评价有重要影响。

这就如同一条大鱼从小池塘进入了大河，就不再占有绝对的优势；同时因为竞争对象都比较强劲，会导致其自尊水平不断下降。

相反，当大河中的一条小鱼进入了小池塘——虽然在大河里它是一条小鱼，但是在小池塘里却是一条大鱼，这时候它的优势就凸显出来，其志向和自尊就会得到激励。马什教授把这个现象形象地称为"大鱼小池塘效应"。

在美国有一个家庭显赫的华人高级知识分子，他的父母均是美国麻省理工学院的博士。此外，他的父亲还曾在美国三所大学担任教授，并成为民国时期中央研究院院士。

他家里有三个小孩，在小学和中学阶段学业最出色的是老大，这让两位弟弟经常感到自惭形秽；老三甚至在高中时觉得学业无望而辍学，到唐人街教移民学英语。老大顺理成章地去了顶尖的普林斯顿大学读本科，在获得麻省理工学院和哈佛大学两个博士学位后，他在斯坦福大学医学院担任教授。但是，他的名字并不为大多数人知道，因为他并未在事业上取得特别的成就。

他的两个弟弟则只上了在美国比较一般的大学：老二去了罗切斯特大学，老三重拾学业之后去了加州大学洛杉矶分校，但是他们在事业上却取得了巨大的成就。

老二在40岁时成为斯坦福大学首位华裔正教授，50岁获得诺贝尔物理学奖，60岁就任美国能源部部长。到这里，想必你已经猜出了他的名字——朱棣文。

2009年，朱棣文被哈佛大学授予荣誉博士学位，并作为特邀嘉宾在哈佛毕业典礼上演讲。在这次演讲中，朱棣文自黑他以前的学渣生涯，说："我现在终于可以向妈妈汇报：我也获得了哈佛学位。"

老三没有走学术道路，而是成为了律师，获得了全美"最佳知识产权律师""顶尖十大出庭律师""最有影响力的一百位律师"等称号。

他创造了35个重大知识产权纠纷案的全胜纪录，打赢了针对包括微软、苹果、三星等业界巨擘的诉讼官司，为客户赢得了累计超过50亿美元的知识产权赔偿金，创下专利案最高补偿纪录。

朱棣文说："生活在一个杰出人才众多的家庭中，你常常会感觉自己是一个笨蛋。"但是，平庸的罗切斯特大学让他重新有了自尊。

"人们很容易有强烈的自尊心——只要降低目标就好了。"

班杜拉

生于1925年，美国当代著名心理学家，新行为主义的主要代表之一，社会学习理论的创始人，认知理论之父。

北京大学生命科学院的饶毅教授曾写过一篇文章《我为什么反对中国学生上美国顶尖大学？》。据他多年的海外求学和教授经验，他发现美国顶尖大学的美国研究生在各方面的表现都非常突出，特别容易令初到美国的中国学生失去信心甚至自惭形秽，从而改变人生道路。

所以他建议："上顶尖大学的本科或研究生院，对于大多数华人来说，或许真的不如上'次尖'大学或研究生院，后者能让自己获得更好的发展。"

斯坦福大学心理学家班杜拉说："人们很容易有强烈的自尊心——只要降低目标就好了。"

"约拿情结"
——我们不仅害怕失败，更害怕成功

根据詹姆斯关于自尊的公式，提升自尊的另一条途径就是获得成功。成功是每个人都向往的，但却不是每个人都会主动追求的。事实上，很多人害怕成功，会主动逃避伟大的使命。发现这个现象的是人本主义心理学家马斯洛。

马斯洛曾经问他的学生："你们谁将成为伟大的领导者？"学生只是红着脸，咯咯地笑，身体不安地摆动。

马斯洛又问："你们谁计划写一本伟大的心理学著作？"学生总是结结巴巴地搪塞过去。

马斯洛最后问道："你们难道不想成为一个心理学家吗？"这时候，所有学生都回答"想"。

马斯洛接着反问道："难道你们只想成为一个沉默寡言、谨小慎微的平庸心理学家吗？这有什么好处，这不是自我实现。"

马斯洛把学生们在想不想获得成功这个问题上的羞涩忸怩、回避躲闪的心态称为约拿情结。

约拿是《旧约全书》里的先知，他一直渴望得到上帝的差遣，成就一番伟大的事业。但是，当上帝真的给了他一个

光荣的任务时,他却为了躲避这个任务而逃跑了。

约拿情结,指的就是人们对成功的回避,对伟大的拒绝,对成长的恐惧。

马斯洛解释道,人其实不仅仅害怕失败,也害怕成功。害怕成功的表面理由多种多样:可能是担心高处不胜寒,成功会引起朋友或亲人的妒忌;可能是担心成功之后,自己暴露在聚光灯下,会经历尴尬;可能是担心爬得越高,跌得越惨;也可能是担心成功只是昙花一现,荣耀转瞬即逝。

而在这些担心背后,其实是与自尊纠缠在一起的自卑:我们对大多数伟大的人和事物都有一种敬畏感,但是在面对这些人和事时,又会感到不安、焦虑、慌乱、嫉妒甚至一丝敌意,因为他们会让我们有自惭形秽的卑微感。

这种爱恨交织的心理投射到我们自身身上,就使得我们不愿意与周围的人产生太大的距离。我们害怕因为成功而引起别人的嫉妒与敌意,甚至害怕因为向往成就一番伟大事业而被别人看成是一个狂妄自大的疯子——**我们太在意别人对我们的评价了。**

约拿情结发展到极致,就是自我削弱甚至自我毁灭——面对荣誉、成功、幸福等美好的事物时,总是产生"这是真的吗""我不行""我不配"等自我质疑,最终采用"要想不被别人拒绝,最好的方法就是先拒绝别人"的防御机制,把机会拒之门外。

对于这样的人而言,陌生的光明就如同黑暗一样可怕。正是这种对成长的恐惧——既畏惧自身的成功,又畏惧别人的成功,阻碍着我们直面挑战,赢得成功,获得自尊。

弗洛伊德曾受牛顿的"作用力与反作用力"的启发,提出了心理动力学,即人是在冲动本身和阻碍其表达的防御之间的冲突中成长。所以,我们在追求健康、完美和自我实现的时候,也得警惕对它们的压制。

很多时候出于安全和归属的需要,人们会把自己真实的个性与思想隐藏起来,而迎合社会中的主流思想,甚至参与对亚文化的歧视和鞭挞。

于是,自由表达成为禁忌,追求卓越成为狂妄。

结语:奔放的人生

人们对于成长的渴望,实现自我的冲动,发挥自己潜能的愿望,是人性的根本。

但是,大多数人总是感到自己并没有真正实现自我,并没有充分发挥自己的潜能和实现自己的内心愿望，完成自己的使命。

这一矛盾并不是因为外部条件的缺失或自身能力的不足，而是因为我们迷失在成长与停滞、自我认同与他人评价的冲突中。

于是，他们在强大和无处不在的社会力量和文化压力前妥协，变得温顺、服从、谦恭，放弃质疑和创新，因此也就放弃了让自己成长为最优秀的人的机会。

马斯洛称他们为"萎缩的个体"——在他们谦恭、温顺的表面下掩藏的是恐惧与紧张，因此他们的成长必然是不健康的、不快乐的。

但是，也有少数人直面这样的冲突，以自己的方式解决冲突而不是妥协，甚至勇于用被打压的亚文化去替代落后于时代的主流文化，以推动文明的进步。**马斯洛称他们为"奔放的个体"——虽然他们大部分会成为主流文化的打压对象，甚至成为众人眼中的叛逆者和失败者，但是他们的成长是正常和快乐的，他们最有可能成长为杰出人物。**

马斯洛说："如果你总是想方设法掩盖自己本有的光辉，那么你的未来肯定黯然无光。"所以，阻止一个人登上自我实现巅峰的最大敌人，不是别人，而是自己。

PSYCHOLOGY 心理学通识

"如果你总是想方设法掩盖自己本有的光辉,那么你的未来肯定黯然无光。"

马斯洛

1904年—1970年,美国著名心理学家,他提出了人本主义心理学,提出了马斯洛需求层次理论,是第三代心理学的开创者。

如何成长为一个奔放的个体,马斯洛并没有给出一个明确的答案;但是在他看来,萎缩的个体和奔放的个体之间的差异,简单地说,"就是恐惧与勇气之间的差异"。

正是这种勇气,最终让《旧约全书》里的约拿在"萎缩"与"奔放"中,选择了自我实现,完成了上帝交给他的伟大使命;正是这种勇气,让我们从绝望中寻找希望。它来源于并且只能来源于自信。

11

自信：
从绝望中寻找希望

德韦克

决定我们成功的不仅仅是我们的能力，还取决于我们的思维模式——因为人的思维模式蕴含了无限的能量。

有一句被反复提及的励志语："失败是成功之母。"但是，大量的研究表明，失败只能是失败之母。美国心理学家塞利用习得性无助的实验清楚地展现了这一点。

塞利教授对被关在笼子里的狗施加难以忍受的电击，逃避不了电击的狗只能在笼子里狂奔，屁滚尿流，惊恐哀叫。多次实验之后，当再次受到电击时，狗不再狂奔，而是趴在地上无助地哀号。此时，塞利教授把笼门打开，当再给狗施加电击，狗没有从笼门逃跑，而是倒地呻吟和颤抖。

塞利教授把这种本可以主动逃避，但却绝望地等待痛苦来临的心理现象称为习得性无助——一种因为重复的失败而造成的听任摆布的无助和对现实绝望的情绪。

积极心理学创始人塞利格曼教授重复了这项研究，他意识到当一个人总是在一项工作中失败时，他也会如实验中那条绝望的狗一样，对自身产生怀疑以至于最终放弃在这项工作中的尝试。

在开始的时候，努力进行反应却没有结果的不可控状态会导致我们体验各种失败与挫折，而多次的失败与挫折让我们感到自己的努力和结果没有关系，于是产生了自己无法控制行为结果和外部事件的认知。结果不可控的认知使我们觉得自己对外部事件无能为力或感到无所适从，于是产生了将来结果也不可控的预期，开始形成无助感的心理状态。

最后，我们开始表现出动机、认知和情绪上的损害，严重影响后来的行为；于是被动接受当下的不幸，而不再寻求改变。所以，失败，特别是持续地失败，并不能让人愈战愈勇，也不能让人学习成长。

哈佛大学的研究者对1975年到2003年期间美国的创业者进行了一次调查。调查结果表明，创业失败过的人和初次创业的人相比，并没有任何成功优势；而持续创业者，就是持续失败者的代名词。所以，失败不是成功之母，失败只会导致下一次失败，只会让人放弃奋争，最后变得麻木不仁。

在现实生活中，战争、饥荒、旱灾等持续的大环境的改变也会让人们出现习得性无助。例如，心理学家曾对第二次世界大战期间纳粹集中营的犹太幸存者进行研究，发现他们普遍有拒绝他人关心和自我激励的行为。

如何才能建立自信？

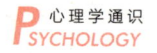

胜利者效应：
成功才是成功之母

当两只老鼠在一个独木桥上相向而行时，究竟哪一只会继续前进，哪一只会让路呢？

与我们人类一样，动物的世界也有一个江湖，也有带头大哥和跟班小弟的社会等级。社会等级更高的老鼠会有更多的食物、更大的领地、更多的异性老鼠，甚至还会偶尔拔掉社会等级低的老鼠的胡须。所以，当两只老鼠在一个独木桥上狭路相逢时，地位低的老鼠就会后退，而地位高的那只老鼠则会前进，所谓"让大人物先行"。

但是，浙江大学的胡海岚教授借助神经电生理技术和光遗传学技术，帮助地位低的老鼠打破了阶层固化，实现了逆袭。

EXPERIMENT

打破阶层固化实验

首先,胡海岚教授通过电生理记录等技术初步确认,大脑内侧前额叶这一脑功能区可以调节老鼠在社会竞争中的地位:

当老鼠消极后退时,这个脑区神经元的活动水平没有显著的变化;但是,当老鼠奋勇向前,做出推挤和对抗行为时,这个脑区神经元的活动水平会显著增强。

基于这个发现,胡海岚教授通过光遗传学技术,人为地增强了地位低的老鼠的大脑内侧前额叶脑区神经元的活动水平。此时,奇迹出现了:这只地位低的老鼠勇气倍增,面对地位高的老鼠不再退缩,而是发起了一次又一次的冲击,最终将地位高的老鼠成功从独木桥逼退。

这个研究激动人心的地方是,当这只地位低的老鼠在外力的帮助下,成功逼退了比自己地位高的老鼠六次以后,它就不再需要任何外力的帮助,仅靠自己就敢于主动向地位高的老鼠发起挑战,在独木桥上一鼠当先,有进无退,把原先地位高的老鼠

> 赶下独木桥。
>
> 　　这种"逆袭"不只停留在独木桥上——当这只在独木桥上屡战屡胜的老鼠和其他原先地位比他更高的老鼠被关在同一个冰冷的笼子里时，它也会在争夺笼子里唯一温暖的角落的竞争中获胜。此时，胜利对于这只曾经地位低下的老鼠而言不再陌生，它只会从一个胜利走向下一个胜利。

　　所以，成功才是成功之母。这便是心理学里的胜者恒胜的"胜利者效应"：成功不是用失败累加而来的，而是需要用胜利来激励。

　　事实上，这只曾经常败的老鼠的个头和力量并没有明显改变，改变的只是它大脑皮层下中缝背侧的丘脑，投射到大脑皮层内侧前额叶皮层的神经通路——这个通路的突触连接显著增强了。

　　换言之，先前六次胜利的经验彻底重塑了地位低的老鼠的大脑结构和功能，使得它面对等级高的老鼠，重新燃起了斗志，有了必胜的信念。**所以，胜利不仅仅来自力量的差异，更取决于必胜的信心。**

因为只有充满自信的胜利者，才能从一个胜利走向下一个胜利。

成长型思维：
从失败中寻找成功的机会

1995年，拳王泰森从监狱里出来，他一生的宿敌、刚刚获得WBC重量级世界拳王金腰带的布鲁诺向他发起了挑战。经纪人阻止了性格暴烈的泰森直接应战，而是安排他先与两位实力明显低于他的拳手过招。在连胜之后，泰森才正式对战布鲁诺。经过三个回合的较量，泰森以KO的方式赢得了最后的胜利，而布鲁诺自此宣布退役。

在自然界中，动物也采用这样的策略：在战胜一些较弱的对手后，再与更强的竞争者较量，这样的胜算比直接面对强敌大得多。似乎，我们找到了成功的秘诀。

遗憾的是，失败是常态，而且是以各种我们难以想象的方式呈现。

J. K. 罗琳的《哈利·波特》系列于1997年开始发行，到2015年总销售量达到了4.5亿册。据不完全统计，其发行量仅次于《圣经》和《古兰经》。但是，《哈利·波特》在被伦敦一家小出版社接受之前，曾经遭到12家出版社的拒绝。

披头士乐队是历史上最伟大的摇滚乐队，2014年其唱片销售量达到23亿张。但是，英国的老牌唱片公司Decca Records曾因为"我们不喜欢他们的声音"而拒绝与乐队签约。

创办了世界上最大的娱乐传媒公司的华特·迪士尼曾被一家报纸以"缺乏想象力"为由解雇。

这些在大众眼里无比成功的人士，其实都是从连续的失败中迈向成功。所以，**我们一方面要懂得成功是成功之母的道理；另一方面，也必须学习如何应对失败，从失败中汲取经验，从失败中看到成长的机会，而不是迷失在失败带来的受挫感中。**

此刻，我们需要的是成长型思维。

2017年，全球奖金最高的教育奖"一丹奖"公布首届获奖名单，其中斯坦福大学心理学教授德韦克因为提出"成长型思维"而获得唯一的研究奖。与成长型思维相对的是固定型思维，这两种截然不同的思维模式，来自她对400多名12—13岁学生完成一项难度逐渐递增的智力拼图任务的观察。

她发现学生可以分成两个类型。

第一个类型的学生在碰到难题时，首先开始自责——"我越来越困惑了""我的记忆力不太好"。当拼图的难度提高之后，他们开始失去兴趣，放弃完成拼图，有的甚至会沮丧到把拼图扔到地上。

而第二个类型的学生则完全相反。他们不仅能坦然接受失败，甚至还非常喜欢失败。当拼图的难度提高时，他们不仅没有自责，反而宣称："我喜欢接受挑战！""题目越难，我就应该越努力！"

当题目的难度提高之后，他们不仅没有失去兴趣，相反，他们还会给自己非常积极的心理暗示："就差一点点我就能做出来了。""上一题我都做出来了，这一题我也可以做出来。"

这个观察结果让德韦克教授开始将思维模式与成功联系起来。**她发现，决定我们成功的不仅仅是我们的能力，还取决于我们的思维模式——因为人的思维模式蕴含了无限的能量。**

如果我们认为自己的能力是一成不变的，那么整个世界就是由一个个为了考查我们能力的测试所组成的。拥有这种固定型思维模式的人，在面对挑战时，通常会束手无策，认为自己能力不够或运气不足，最终走上平庸之路。所以，这类人往往害怕失败，担心因为失败而使自己看起来愚蠢，因此拒绝挑战、回避困难，最终使得发展潜力受限。

而如果我们认为所有的事情都离不开个人努力，那么这个世界就充满了帮助我们学习、成长的有趣挑战。拥有这种成长型思维模式的人，在遇到挑战时，会自信地认为自己一定能克服困难，因此越战越勇，最终走向成功。因为他们相信，通过自己的努力可以提升能力，他们相信自己具有尚未展现的潜力，而困难和失败能帮助自己突破桎梏，激发潜力。

而这种相信，会改变我们大脑的结构和功能。大量的研究表明，每当我们走出自己的舒适区去学习新的知识、迎接新的挑战，大脑的神经元突触会形成新的连接，于是我们变得更聪明、更有能力。

不妨对照下图来看看，你究竟是哪种思维模式。

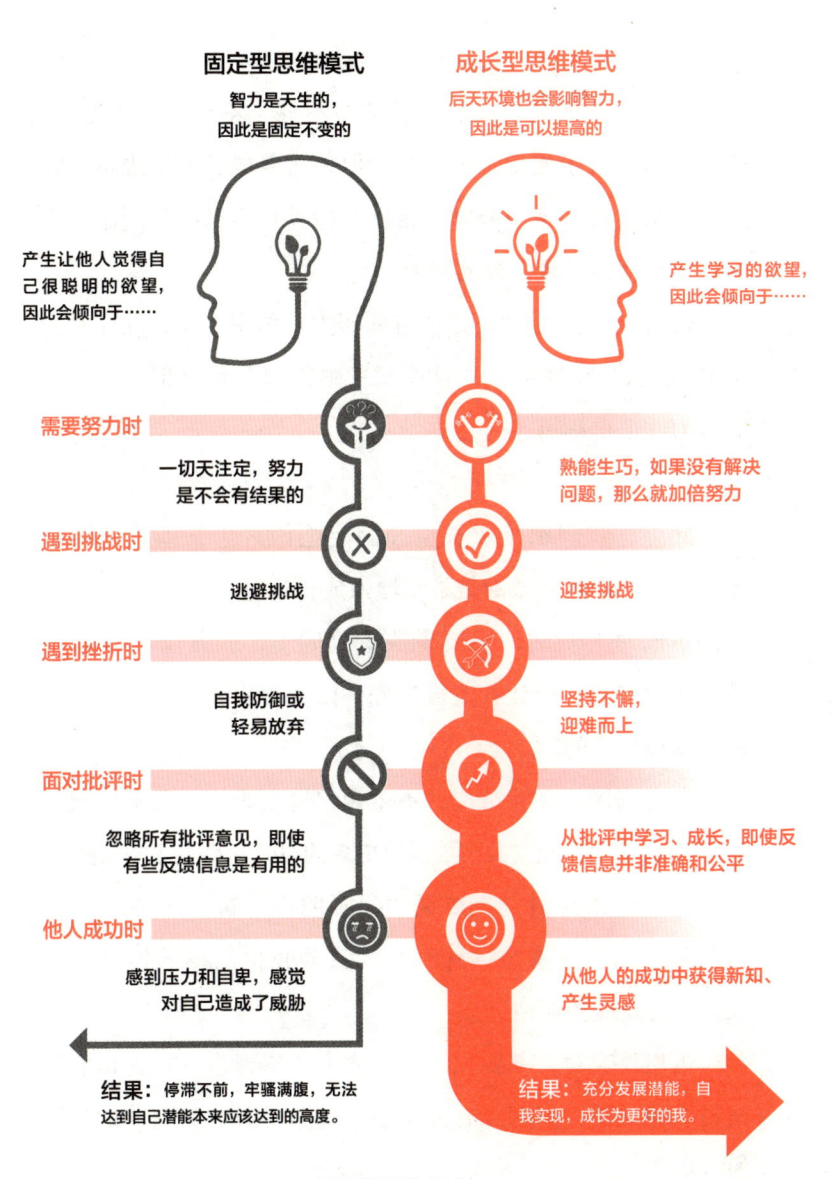

Chapter 3 超越自我，追求幸福

两种思维模式对比

固定型思维模式
智力是天生的，因此是固定不变的

产生让他人觉得自己很聪明的欲望，因此会倾向于……

成长型思维模式
后天环境也会影响智力，因此是可以提高的

产生学习的欲望，因此会倾向于……

需要努力时
- 固定型：一切天注定，努力是不会有结果的
- 成长型：熟能生巧，如果没有解决问题，那么就加倍努力

遇到挑战时
- 固定型：逃避挑战
- 成长型：迎接挑战

遇到挫折时
- 固定型：自我防御或轻易放弃
- 成长型：坚持不懈，迎难而上

面对批评时
- 固定型：忽略所有批评意见，即使有些反馈信息是有用的
- 成长型：从批评中学习、成长，即使反馈信息并非准确和公平

他人成功时
- 固定型：感到压力和自卑，感觉对自己造成了威胁
- 成长型：从他人的成功中获得新知、产生灵感

结果：停滞不前，牢骚满腹，无法达到自己潜能本来应该达到的高度。

结果：充分发展潜能，自我实现，成长为更好的我。

两种思维模式对比

需要注意的是，成长型思维并不等于不折不挠地努力。的确，努力对于成功至关重要，但是培养成长型思维不仅仅是靠对努力的赞赏与鼓励；相反，把成长型思维等同于努力的付出反而会导致无效的努力。

德韦克教授说："不是所有的努力都值得表扬，除非它能带来成效。"在她看来，成长型思维并非盲目自信，有策略的努力才值得称道。

此外，我们都是成长型和固定型两种思维模式的混合体，所以我们需要做的是不断增强成长型思维模式。

在面对失败时，不要说"我搞砸了，我是个失败者"，而是相信"犯错能让我变得更好，因为这次错了，以后就知道这么做是错的"。

在遇到困难和挑战时，不要说"这太难了，我不可能完成"，而是告诉自己"我可能需要更多的时间和精力才能搞掂"。

在感到困惑时，不要说"我不明白，这太难理解了"，而是问自己"我忽略了什么吗？只要我把漏掉的信息找出来，我肯定能搞明白"。

当想放弃时，不要说"我的能力达不到，只有放弃了"，而是换种思路"问题没有方法多，此路不通，那我试试其他的方法"。

正如我们在第二章讲述的"专念",成长型思维模式是让我们换个角度,从积极成长的角度来解决当下的问题。这正如爱迪生对一位记者解释他是如何历经种种失败而发明电灯时所说:**"我没有失败 1000 次。电灯是在经过 1000 步后被发明出来的。"**

所以,成长型思维模式不仅让我们以积极的态度面对困难和挑战,同时还将通过激活大脑的神经活动,让我们的能力不断提升。德韦克教授于是宣称:**"思维模式决定命运。"**

以始为终,以简求真

但是,当我们面对失败的时候,最让我们难以接受的,不是挫折感,而是大众的否定和轻视。

当面对诸如"他的大脑里除了一堆白色脂肪外,没有其他东西"的评论时,我们会对自身产生怀疑——怀疑自己究竟犯了什么错才被否定;怀疑是不是自己身上有某些无法改变的缺点或污点,才导致即便我们尽可能地满足某些人的需求和想法,仍然不被接受。

哈佛大学心理学家布鲁克斯教授说:**"生活中最大的障碍之一就是对羞辱的恐惧。"** 在接踵而来的批评面前,坚持成长型思维模式是很难的。究竟是什么样的驱动力才能让人发展出坚韧的心智？

1980年，乔布斯领衔设计的第一款计算机Apple Ⅲ面世。这款被苹果公司寄予厚望的产品却被证明是苹果公司最失败的产品之一。

在该款计算机上，乔布斯坚决主张去掉散热风扇，采用内部的铝质底盘导热以保持计算机内部的温度较低。但是，他错了。

事实证明，Apple Ⅲ运行时产生的大量的热使得芯片膨胀，从插槽中掉出来，于是计算机频繁死机。当Apple Ⅲ最终从苹果公司产品线上被移除时，它已经给苹果公司造成了6000多万美元的损失（相当于现在的1.2亿到1.5亿美元）。

2015年，即乔布斯去世4年后，苹果公司发布了12英寸的MacBook笔记本电脑。MacBook与Apple Ⅲ同样采用了无风扇设计。为了散热，MacBook采用了比黄铜更昂贵的铝镁合金作为笔记本的外壳，同时采用了功耗更低但性能更低的CPU。

事实证明，MacBook的散热仍不如传统的有风扇的笔记本电脑，因而为人诟病。4年后，苹果公司在官网停售了这款饱受争议的笔记本电脑。

为什么苹果公司会一直坚持采用成本更高且更容易出问题的无风扇设计？

这是因为随着使用时间的增加，计算机内部会积累很多灰尘，同时风扇轴承长时间运作会产生偏移、损伤、润滑油耗尽等问题，因此计算机在使用一段时间后会产生非常大的噪音，而无风扇设计带来的最大好处无疑是静音。

为什么计算机静音对于乔布斯而言如此重要？

乔布斯在一次接受记者采访时说："人类是全球效率最低的动物之一；但是，一旦人类骑上自行车，将成为整体效率最高的物种。"

对于乔布斯而言，计算机就是大脑的自行车，它能有效提升人的能力和效率，延展人的生存空间。而计算机产生的噪音，干扰了人的思维，因此必须被去掉，甚至不惜一切代价。

耶鲁大学心理学家瑞斯尼斯基教授对医院保洁人员的工作风格进行了研究。他发现大部分保洁人员认为工作就是为了挣点工资，工作本身充满了无聊。但是，有少数保洁人员除了做好本职工作，还与护士、医生以及探望者之间有丰富的交流，并在交流时给对方带来快乐。工作对于这些保洁人员而言，不仅仅是打扫卫生，更是为了让病人尽快恢复健康。

据此，瑞斯尼斯基教授提出工作其实可以分为三类：做工、事业和使命。

多数人把工作当作用劳动力换取金钱的交易；还有一些人把工作当成是谋求更高地位和更好收益的手段；而只有极少数人把工作视为一项创造价值的使命，他们追求的不是交易，不是证明自己，而是改变世界的满足感。因此，第三类人在面对失败、面对挫折时，更能坚持下去。

"用复杂技术制造出易用工具，助力人类改变世界。"这就是乔布斯创立苹果公司时定下的使命。这一理念任凭时代变迁、技术革新、公司领导人更换，仍被苹果坚守下来，成为公司"不变的1"——没有这个"1"，再多的"0"也毫无意义。如今，无风扇已经成为笔记本电脑的标配。

同样的，沃尔玛的使命是"帮顾客省每一分钱"，劳斯莱斯的使命是"打造世界上最好的轿车"，迪士尼的使命则是"让世界快乐起来"等等。

使命，是现代企业或组织赖以生存和发展的"不变的1"。

在各式各样的人群中，创新者无疑是最具有悲剧色彩的一群人。因为他们的出发点就是标新立异，不墨守成规，不按照常理出牌，对主流认知发出挑战甚至颠覆传统。因此，创新者往往会受到主流意识的压制，"被拒绝"成了他们的惯例而不是特例。

但是创新者仍然前仆后继，因为他们知道人类的所有重大进步都来自对传统的颠覆，来自把异端变成常识，来自把亚文化变成主流文化。他们是革命者，所以就必然有牺牲；而面对牺牲，他们异常坦然，因为他们把创新视作一种使命。正如在工地上，工人认为他们在砌砖，工头说他们在建一堵墙，而创新者则宣称他们正在建造一座神圣的教堂。

从使命出发，并以始为终，才能潜入深海，然后跃上云霄。

结语：
愿效能的力量与你相随！

歌德说："一旦你信任了你自己，你就会明白怎样生活。"

一个自信的人才能创造出真正属于自己的人生，因为自信来源于我们与自身建立的一种良好关系——根据自己设立的内在使命，以自我奖惩的方式，对自己的行为进行调节。

同时，领导力也来自自信。人本主义心理学家马斯洛在

心理学通识
PSYCHOLOGY

"一旦你信任了你自己，你就会明白怎样生活。"

歌德

1749年—1832年，德国著名思想家、作家、政治家，他是德国民族文学最杰出的代表，他的创作对欧洲文学的发展做出了巨大贡献。

他的博士论文《支配驱力在类人猿灵长目动物社会行为中的决定作用》中说，即使是在猿猴、鸟类等动物的社会行为和组织中，支配力也源自一种"内在的自信心"或"优越感"，而不是通过肉体的攻击。

社会学习理论的提出者、斯坦福大学心理学教授班杜拉说，要理解一个人的行为，必须从环境、行为、人三者之间的交互作用入手。

一方面，人是环境的产物，正如成功的环境会让一只地位卑微的老鼠"逆袭"，而失败的环境则让等级高的老鼠跌下神坛。

但是，另一方面，人更是环境的营造者。因为人只要具有坚定不移的信念，相信自己具备取得成功的要素，就会采取行动，即使成功的概率在其他人看来微乎其微，即使在这个过程中他将经历无穷无尽的至暗时刻。此时，强化我们行动的，不是一个接一个的胜利，而是我们内心对胜利的期望与信心。班杜拉称之为"自我效能"。

自我效能把荆棘变成沃土，把失败变成机会，把工作变成使命。所以，班杜拉教授常常在他的电子邮件末尾附上这样一句话："愿效能的力量与你相随！"

12

**理性平和：
把期望降低，把依赖变少，你会过得很好**

阿德勒

当我们看到有人不断躁动、脾气暴躁、情绪起伏很大，就能推断他应该具有强烈的自卑感。知道自己终能克服困难的人，在努力的过程中一定能耐住性子。

抑郁症是心理疾病的一个常用代号——当一个人主动寻找心理咨询师或精神病大夫，我们可以大概率地猜测他得的是抑郁症。

抑郁症是一种与悲伤情绪有关的疾病，但认为抑郁症只是极度的悲伤则是完全错误的。抑郁症患者不仅感到悲伤，他们还感到强烈的内疚，完全没有自我价值感和快乐感。在做任何事情时，包括看电视、小说等，他们都完全缺乏活力与能量，只有精疲力竭的感觉。

此外，他们还会自责，觉得一切的错误都是自己导致的。最后，他们只有彻底的绝望感，甚至会有自杀的意愿或行动。

据世界卫生组织估计，全球现有抑郁症患者约 1.21 亿。也就是说，每 100 人中大约就有 1.7 人患有需要服药治疗的抑郁症。而我们绝大多数人，在生命中的某个时候至少会经历一次轻微的抑郁症状，10% 的人会在某些时候经历一次持续时间相当长的严重抑郁。

抑郁症是如何产生的？正如人类的所有行为都是基因与环境交互作用的结果，抑郁症也不例外。美英等国的科学家对847名生活在新西兰的成年人进行了长达5年的追踪研究，记录下这些人在此期间的就业、经济、住房、健康和情感等各种生活压力。

研究发现，在同时面临4种以上生活压力的高压力人群中，那些携带了两个5-HTTLPR短等位基因（位于神经递质血清素转运体5-HTT基因启动子区域）的人，他们的抑郁症发病率高达43%；而那些携带两个5-HTTLPR长等位基因的人，仅有17%患抑郁症。

从这个研究中我们可以得出两点结论：

第一，同样在高压力情境下，一些人比另外一些更容易得抑郁症。

第二，无论是哪种基因类型，在高压力情况下患抑郁症的概率都远高于一般压力水平下的概率，也就是我们前面提到的1.7%的发病率。

所以，根据心理病理学的素质–应激模型，得抑郁症需要满足两个条件：第一，具有遗传风险（素质）；第二，处在高压力（应激）环境之下。

这个模型表达的是，当只有高压力而没有遗传风险时，我们只会抑郁而不容易得抑郁症；当只有遗传风险而没有高压力时，我们只是脆弱易感也不容易得抑郁症；只有在既有遗传风险同时又处于高压力的情境之下，我们才容易得抑郁症。也就是说，只有基因与环境的双因素都齐备了，我们才容易患上抑郁症。

但是，如果由此你认为自己真幸运，那就大错特错了。这是因为我们对自我能力的糟糕觉察力以及现代社会的高期望，会让我们不断地创造出一个接一个的失败情境。在不断的挫折之下，抑郁不断累积，最终恶化成抑郁症。

互联网时代的"民科"

20世纪90年代的北京大学三角地,在铺天盖地的各种出国英语考试(如托福、GRE)培训班的广告中,通常还会看到一些大字报,宣告"哥德巴赫猜想"已被证明,"牛顿定律"已被否定,"永动机"已被发明等。这些大字报的主人,就是"民间科学爱好者",我们可以将其简称为"民科"。

"民科运动"的背后是高期望——颠覆科学的基石,一举获得崇高的荣誉与地位。显然,这些不接受也不了解科学共同体基础范式的民科们并没有能力解决任何一个科学问题,他们不仅浪费了时间和财力,更多的还遭遇了一次又一次的拒绝与失败,使他们成为抑郁症等心理疾病的潜在患者。

进入21世纪,随着社会环境的改变和基础科学教育的普及,试图摘取数学皇冠上的明珠的民科越来越少。但是,他们并没有绝迹,他们只是换了一个方向:成为乔布斯的接班人。

互联网的出现,革命性地改变了传统经济学的盈利模式。互联网革命之前的三次工业革命,从本质上讲,都是科学技术的突破导致人类的生产力水平大幅度飙升。比如,蒸汽代替手工,电力代替蒸汽,电脑代替人脑。虽然生产效率得到了极大的提高，但是传统经济学的核心——"规模效应"并没有被打破。

但是互联网就不一样，仅仅是不错的想法和点子——而不是科学技术的突破，就能变成高市值的公司。例如，从某种意义上讲，Google只是把黄页搬到了网上，腾讯只是把短信搬到了网上，马云只是把小商铺搬到了网上……要让这些想法变成产品，只需要几个训练有素的懂计算机的大学生。

2011年，雷军宣称："站在风口上，猪也能飞起来。"所以，在互联网时代，一种普遍的观点是：技术不重要，重要的是想法，是风口。于是，互联网的特质又形成了"民科运动"需要的关键因素——高期望，即颠覆传统产业，瞬间完成巨额财富积累。只不过这次的"民科运动"换了一个名字，叫作互联网创业。

微信的朋友圈里，每天转发的都是各种创业故事和成功学心灵鸡汤，不是某某公司获得多少千万美元融资，估值多少亿美元，就是当你强大，整个世界都会对你和颜悦色。除了传统意义上的创业，开直播的、打游戏的可以年收入几百万，写段子的、吐槽的、写鸡汤文的可以成为微博大V……

无论是农耕时代还是工业生产时代，社会阶层都在不断固化；财富总值虽然在增加，但是基尼系数在变大，贫富悬殊也在加剧。

但互联网时代不一样。在2006年《时代周刊》的最后一期，《时代周刊》把年度风云人物给了每一位网民，因为互联网是一个"人人时代"。阶层不再固化，以往所有固化的东西都可以流动，都可以被颠覆。每个人都可以不依赖财富积累和技术的突破，而是通过个人点子、勤奋与热情，借助互联网迅速崛起。人人都可以逆袭。互联网时代在人类史上第一次给了"屌丝"逆袭的希望。

但是，互联网的特点是赢者通吃，第二名和最后一名没有任何区别；互联网时代竞争之激烈，迭代之迅速，也必然带来前所未有的压力。前面，是掌控资源的先行者；后面，是无所畏惧的新生代；中间，比你聪明的还比你努力。

浮躁，是互联网时代的特点。与家人吃饭想着微信，遇到每个人都要加一下微信，心想"人脉至上"；线上音频知识付费，线下商业训练营，唯恐认知没有升级。

浮躁的社会背后是一个个焦虑的个体。

但是，正如民科证明不了哥德巴赫猜想，绝大多数的互联网创业者也成为不了乔布斯、马云或者马化腾。据《2017中国创新创业报告》显示，2017年约有100万家中小企业倒闭，平均每分钟就有两家企业倒闭。

> "当我们看到有人不断躁动、脾气暴躁、情绪起伏很大,就能推断他应该具有强烈的自卑感。"

阿德勒

1870年—1937年,奥地利精神病学家,人本主义心理学先驱,个体心理学的创始人,著有《自卑与超越》《个体心理学的理论与实践》等。

超越自卑感

浮躁背后的本质是自卑感。

个体心理学创始人阿德勒说:"一个人之所以会不耐烦,是因为没有克服困境的耐性。**当我们看到有人不断躁动、脾气暴躁、情绪起伏很大,就能推断他应该具有强烈的自卑感。**知道自己终能克服困难的人,在努力的过程中一定能耐住性子。"

这里的自卑感，不是一个贬义词，而是人类的本性。在阿德勒看来，自卑感是个体不断成长、文明不断演化的动力。

在个人层面，体弱者通过持久的体育锻炼以增强体质，或者转向思想领域以笔代剑。在人类层面，科学的兴起就是人类为摆脱无知而努力奋斗的结果。

但是，并不是每个人都能超越自卑感。这个时候，他们就只能虚构出一种优越感来代偿，这就是阿德勒所说的自卑情结。

一个在举止间处处要凌驾于他人之上的人，可能是因为"别人老是瞧不起我，我必须表现一下我是何等人物"；一个说话时手势、表情过多的人，可能是因为"如果我不加以强调的话，我说的东西就显得太没有分量了"；试图成为乔布斯接班人的创业者，可能是因为"我虽然出身平凡，但仍可打破阶层，改变世界"。

之所以出现自卑情结，是因为有了不切实际的过高期望。

在思想层面，我们充分体验到人类作为整体的无穷无尽的创造力与作为个体的渺小和卑微的冲突；在生活层面，我们真实感受到与周围同辈间的冲突，常常觉得自己不如别人——大家智商差不多，年龄差不多，学历差不多，为什么别人可以有更高的收入，有更好的丈夫（或妻子），有更好的事业，而我不能？

于是，我们就不断给自己压力，不断给期望加码，最后期望变得越来越高。于是，我们的生活就是由一连串的和自己、配偶、他人、社会的争战组成的，而这种永不休止的争战不仅耗尽了我们的能量，也让我们不安。不安自然让我们变得浮躁，而浮躁就导致我们做事盲目、冲动而非理性，失败也就是必然的结果。

所以，过高的期望使得我们不断创造失败的情境，最终导致抑郁甚至抑郁症。因此，**在这个浮躁的时代，我们迫切需要做的，就是降低期望。**

在根据日本小说家米泽穗信的《古典部系列》改编的动漫《冰菓》里，有一个人物叫福部里志。他是《冰菓》里的男二号，因为不想生活在男一号的阴影里，于是在剧中各种努力要赢男一号。

但是，里志在"十文字"事件中深深意识到了凡人与天才之间的差距，知道自己就算拼尽全力也无法超越男一号。于是里志对男一号说，我很期待你的表现。要知道，里志曾经说过，在他口中，所谓的"期待"就是放弃的同义词。

里志放弃了与男一号的较量，因为他终于知道有些事情是自己无论如何也做不到的。此后，他坦然接受了自己与男一号的差距，按平时的步调继续开着玩笑、聊着天。在阿德勒的眼里，里志超越了自卑感，释然了，也成长了。

《冰菓》试图展示的，是**人的三次成长**。

第一次是在发现自己不是世界中心的时候；第二次是在发现即使自己再怎么努力，有些事终究还是无能为力的时候；而第三次是在明知道有些事可能无能为力，但还是会尽力争取的时候。

第一次成长，是区分人类整体和作为个体的自己，学会谦卑，把自己当作人类整体不可分割的一分子，而不是人类的领导者或者救世主。

第二次成长，是认识自己的能力的上限和环境的约束，然后接纳它。对过去的懊恼，对现在的不满，对未来的恐惧，本质上是一种对抗的表现——要么对抗真实的自己，要么对抗真实的环境。有了对抗，就必然产生矛盾，而矛盾作用于思维，就会产生不安、浮躁。所以，第二次成长就是接纳不完美，然后在不完美中寻找成长的契机。

第三次成长，是选择然后行动。经济学家曼昆说，一个**东西的成本是为了得到它而放弃的东西**。只有知道自己为了目标愿意做出多少牺牲，付出多大代价，并且勇于为自己的选择承担后果，才会明白在有限的生命中，自己到底想要什么，怎么要。

放下欲望，极简前进

社会的进步，带来的不仅仅是物质的丰富，更重要的是信息的丰富和生活方式的丰富。对大部分人而言，上世纪80年代的生活模式是单线程的：18岁考上大学实现农业人口转为非农业人口（农转非），获得国家的政策性粮票保障（铁饭碗）；大学毕业后分配工作单位，从此一辈子在这个单位里工作、恋爱、结婚、生子直到退休。单线程的生活，只有被选择。

这种单线程的生活模式在人类迈入21世纪后被彻底打破。信息的丰富，交通的便利，工作的多样性，使得人的流动性极大地提升。上大学并不是年轻人唯一的上升通道，大学也不再包分配，单位不再提供住房等福利，换工作已经成为常态。人的生活变成了多线程的模式。

多线程的生活，一方面意味着更多的机会，更多的个性表达机会；但另一方面也意味着我们必须做出选择。既然是选择，我们就必须有所放弃。

电影《在云端》就选择给出了一个非常形象的类比：把我们的生活想象成一个背包——开始时，背包是空的，肩膀感受不到任何压力；然后，我们把生活一点点放进去。

我们可以从小的东西开始，比如桌子上或柜子里的物品、小摆设、小收藏；这时，你可以感受一下包里增加的重量。然后我们再放稍微大一点的东西，比如手机、计算机、电视，这时你能感受到背包带开始勒你的肩膀了。最后，我们再放更大的东西，比如沙发、餐桌、床铺，再加上你的车，你的房子。

当这些东西全放入你的背包之后，你不妨试着走动一下。

你还能走动吗？

每天，我们都是这样对自己——背着这样的背包，压得自己走不动。但是别忘了，动物与石头、植物的最大区别就在于前者能走动。走动才是生活。

如果我们决定把这个压在我们肩上的背包扔进火堆里烧掉，你想保留什么？是满载着回忆的照片，还是价值不菲的房子？《在云端》的男主角说，什么都不留，烧掉这一切，一觉醒来，你会发现无比地轻松。

这里的物品其实是我们外化的欲望。

太多的欲望，必然带来太大的压力；而太大的压力，必然产生太浓烈的情绪，最后引发各种心理疾病。

低强度的正性情绪：
爱我所爱，愉悦轻欢

从进化的角度看，情绪并不是非理性的代名词。相反，正如达尔文在《人与动物的感情表达》一书中所指出的，情绪是自然选择的产物，具有很强的功能性和目的性。为了生存，人类必须探索环境（惊奇）、争夺资源（愤怒）、繁衍后代（欢乐）、避免伤害（恐惧）、拒绝有毒的食物（厌恶）、回避损失（悲伤）。

这六种基本情绪让原始人类在日常生活中，自动趋利避害，做出更利于生存的选择。但是，在现代社会，并不是所有这些情绪都是我们想长期拥有的。

首先，情绪可以分为正性情绪（比如满足、高兴）和负性情绪（比如悲伤、愤怒），负性情绪是我们担心的、想回避的，因为它在进化中意味着基因传承失败，意味着被大自然淘汰。**而在心理上，阿德勒说："愤怒和眼泪，都可能是自卑情结的表现。"**事实上，负性情绪不仅仅会导致痛苦，负性情绪本身就是痛苦。所以，绝大多数情感类心理疾病，如焦虑症、抑郁症等都集中在负性情绪这一端。

情绪还有第二个维度，即情绪的唤醒程度，或者情绪的强烈程度（具体见第一章，第二节）。

人类所有的情绪，都可以放入由这两个维度组成的四个象限中。

高强度的负性情绪：这一象限是情感障碍的高发区，比如焦虑障碍、惊恐障碍、急性焦虑症/惊恐发作、恐惧症、强迫症和创伤后应激障碍等。

低强度的负性情绪：这一象限只有一个，那就是抑郁症。

而正性情绪，比如喜悦、快乐，通常被人们认为是好的。但是物极必反，太强烈的快乐，也是一种情感障碍——在心理病理学里，被称为躁狂症。

患有躁狂症的病人精力旺盛、思维奔逸、口若悬河、生龙活虎。他们的行为表现正如一个多线程的现代人的强化版：

"我感到自己无比睿智、迷人、反应敏捷、滔滔不绝。所有的事情变得有趣而引人入胜。仅仅用极度高兴难以描述我此时的感觉。我想与所有人分享这些感觉，所以情不自禁地一边在计算机上聊天，一边随机拨打电话与陌生人恳谈。我购买我不需要的东西，我整理我的网页，我到处给人发信……"

但是，事实上他们的生活一团糟，因为他们对自己的能力充满了过高的期望。

真正健康的情绪只存在于低强度的正性情绪这个象限：愉悦轻欢。

马里兰大学心理学家米勒教授把大学生分为两组，一组观看喜剧型电影，另一组观看焦虑型电影。他发现，看完焦虑型电影的大学生的血液循环降低了约35%，而看完喜剧型电影的大学生的血液循环增加了22%。而较快的血液循环，在短期有利于维持血氧含量，保持大脑的清醒状态，有助于我们的记忆、思维等认知加工；在长期则有助于预防心血管疾病。

同时，当我们心情愉悦时，大脑会分泌一种叫作内啡肽的神经递质，它能够帮助我们减缓疼痛。此外，心情愉悦时我们体内的免疫球蛋白 A 的含量会增加，进而提升我们的免疫力，保持身体的健康。正所谓笑一笑，十年少。

英国诗人萨松在诗歌《于我，过去、现在以及未来》中写道："In me the tiger sniffs the rose." 诗人余光中将其翻译为：心有猛虎，细嗅蔷薇。意思是，老虎也会有细嗅蔷薇的时候，忙碌而远大的雄心也可以安然感受美好。

而真正的力量也来源于平和，一如古希腊雕刻家米隆的《掷铁饼者》所展示的：他握铁饼的右手摆到最高点，全身重心压在右脚上，左脚趾反扣地面形成平衡，膝部弯曲成钝角，似一张大弓，整个躯体充满爆发力。但是他的面容却镇静安详，充满自信，因为他已经预感到即将获得胜利。

米隆的《掷铁饼者》

这一作品取材于希腊的一项体育竞技活动，刻画的是一名强健的男子在掷铁饼的过程中最具有表现力的瞬间。他的整个躯体充满爆发力，但面容却镇静安详，充满自信，因为他已经预感到即将获得胜利。

"成为极简主义者"网站的创建者贝克尔在《极简》一书中说:**"拥有更少物品的生活总能让人感觉自由,给人以蓬勃的生命力,使人们充满希望和目标。它使人们在精神层面得以拓展,不仅仅是作为物品的累积者而生活。"**

极简,并不是要舍弃一切,而是要在浮躁的社会里,减少依赖,去掉所有不必要的繁杂与欲望之后,找到生活中真正重要的东西,也许是家庭,也许是事业,也许是信仰,也许是慈善……爱我所爱,然后在轻度喜悦之中,波澜不惊,专注前行。

结语:人生中不可不想的事

印度哲学家克里希那穆提,被誉为 20 世纪最伟大的灵性导师,他在《人生中不可不想的事》一书中描述了一艘满帆的船,在西风的吹送下逆流而上。

他说:"那是一艘大船,载满了薪柴驶向城镇。太阳正在西下,这艘背对天空的船真是出奇地美。船夫只是轻轻地掌舵,一点也没费力,因为西风正在尽力。同样的,如果我们每个人都能了解奋斗及冲突所带来的问题,那么我们就能毫不费力地、快乐地生活,脸上还带着微笑。"

13

应用：
幸福来源于行动

弗兰克尔

在任何特定的环境里，无论这个环境多么糟糕、压力多么大，让人感到不自由，我们人类都永远拥有最后一个自由，那就是选择自己态度的自由。

《爱丽丝漫游奇境记》里有这么一段故事。爱丽丝和红桃皇后手拉着手一同出发，但是，爱丽丝很快就发现她们并没有前进，而是停留在起点。

"为什么会这样？"爱丽丝大叫，"我觉得我们一直都待在这棵树底下没动！"

"废话，理应如此。"红桃皇后傲慢地回答。

"但是，在我们的国家里，"爱丽丝说，"如果你以足够的速度奔跑一段时间的话，你一定会抵达另一个不同的地方。"

"现在，这里，你好好听着！"红桃皇后反驳道，"以你现在的速度你只能逗留原地。如果你要抵达另一个地方，你必须以双倍于现在的速度奔跑！"

奔跑才能不停留在原地，这个看上去荒谬的"红桃皇后定律"，却是中产阶级和富裕阶层正在经历的噩梦。

享乐跑步机陷阱：
幸福感与物质财富无关

根据马斯洛的需求层次理论，生活在饥饿和危险中的人是不会有幸福感的。所以，对于穷人而言，只要获得更多的金钱，他们就会获得更多的幸福感，此时金钱和幸福感之间的关系是直接的。

但是，一旦当人们摆脱了贫困，金钱与幸福感之间的关系就越来越弱了。

一项综合考虑了不同国家、不同地域、不同文化等因素的研究表明，当个人的年收入超过4万美元（约合人民币28万），更多的收入不能再带来丝毫幸福感的提升。

换言之，**1000万元的年收入带来的幸福感与30万元年收入带来的幸福感在本质上没有差异。**

这是因为那些渴望获得更多财富的中产阶级和富裕阶层的人，会陷入一种被称为"享乐跑步机"的心理陷阱。

例如，对于一个低收入者来说，出国旅行是件奢侈的事。随着收入的增加，频繁地出国旅行成为常态，这时乘坐头等舱则成为奢侈的事。直到某一天，当乘坐私人飞机也成为常态时，他才发现幸福感很难再有显著的增加了。

当我们不断获得更好的物质条件时，幸福感会迅速适应这个新变化；于是获得越多，渴望也会更多，导致金钱带来的生活满意度与舒适感转瞬即逝，最终体验到的幸福感也只停留在和原来差不多的水平。

这就像跑步机一样，一方面，我们在拼命奔跑；另一方面，我们的幸福感则停留在原地。换言之，**欲望越大，我们需要的奔跑速度就越快；而精疲力竭之时，便是我们幸福感滑坡之时。**

从 1993 年到 2005 年，我国的 GDP 从 3.6 万亿增长到 18.7 万亿，增加了 4 倍多；而我国的精神障碍患病率从 1.12% 上升到 17.5%，增加了 14 倍多。

特别是抑郁障碍患病率从 0.05% 上升到 6.0%，增加了 119 倍。与此对应的是，与情绪障碍无关的精神分裂症的患病率则基本上没有显著变化（从 0.53% 上升到 0.78%）。

在首届中国国际积极心理学大会上发布的一项调查研究结果显示，我国 90% 的人有孤独感，近一半的人（47%）对生活不满意。越是生活在大城市，越感到不幸福。

我国目前经历的物质日益丰富与幸福感停滞不前的悖谬并非孤例，而是经济发达国家普遍经历的状况。

积极心理学创始人塞利格曼教授注意到，20世纪60年代以来，咨询与临床心理学在治疗抑郁症等心理疾病方面取得了长足的进步，但是抑郁症的患病率却增加了10倍，而发病年龄从60年代的29.5岁下降到现在的14.5岁。

在英国，1957年有52%的人表示自己感到非常幸福，但到2005年却只有36%的人感到幸福，而在过去的半个世纪，英国国民的平均收入提高了3倍。

如何破除经济发展与幸福感提升之间的悖谬？如何才能获得幸福感？

幸福感只是一种主观体验

既然金钱不能给我们带来幸福，那么什么能给我们带来幸福？

战国时期的哲学家告子说："食色，性也。"的确，美味的食物和水乳交融的男欢女爱是人最基础的本能需求。但是，心理学家艾利斯教授对上万名男性和女性进行了长达十年的追踪研究，结果表明：性爱的确能带来快乐，但是频率不能超过一周一次。

这是因为更多的性爱不仅不能增加幸福感，相反，频率越高反而带来越大的压力。当心理学家进一步要求参与实验的夫妻将性爱频率提高一倍时，结果大多数夫妻不仅苦不堪言，甚至他们再三努力也没能将频率提高一倍，而只是提高了40%。

那么婚姻呢？俗话说，婚姻是爱情的结晶和升华。遗憾的是，这个常识是错的——婚姻并不能带来幸福感的提升。

一项对不同国家、不同地域、不同文化的人进行追踪研究的结果表明，结婚后，人们的幸福感并没有提升。特别是对那些最终会离婚的夫妻而言，婚后的幸福度会下降；直到恢复单身之后，他们的幸福感才能有所恢复——但是再也无法回到婚前的水平了。所以，婚姻既不能改变你婚前的不幸福，也不能改变你的伴侣。

金钱、性和婚姻，这些我们认为能够带来幸福的因素，在现实生活中之所以统统失效的原因，是因为幸福是一种主观的感受，但是我们通常却用客观的东西来衡量它，比如我有多少钱、事业是否成功等。

所以，当贫穷时、事业正在起步时，外界因素的改善的确能带来幸福感的提升；但是，一旦衣食无忧，事业顺畅，如果我们还用外在的标准来衡量主观的感受，就会出问题。

对于我们每个人而言,我们都拥有两个世界:一个大家共享的物理世界和一个自己独自拥有的心理世界。而心理学的最重要发现,就是这两个世界相对独立。

因此,在物理世界中发生了什么样的事,并不能决定心理世界怎么看待这件事情。例如,有一个装了六个月饼的盒子,因为盒子磕碰,其中一个月饼散了,剩下的五个月饼是完好无损的。还有另外一个装了四个月饼的盒子,盒子完好无损。两盒月饼除了数量不同之外,其他完全一样。

现在这两盒月饼售价一样。从价值的角度来讲,外形受损的盒子里有五个完整的月饼,显然有更高的价值,但是绝大多数人会买只装了四个但盒子完好的月饼。为什么?因为买一个残次品总是感觉不对,尽管其价值更高。**也就是说,我们幸福的核心不是外在的物理世界,而是我们自己怎么看这个事情。**

意义治疗的创始人弗兰克尔曾有一段被关入纳粹集中营的经历。1942年,他和家人因为犹太人的身份,被纳粹关进了集中营。不久,父亲饿死,母亲和兄弟被纳粹枪杀,妻子和岳母死于毒气室。

战争结束后,他重新回到维也纳,才发现他的所有亲人,都已经在纳粹集中营中死去。集中营的悲痛经历,正如他反复引用的尼采的那句话:"打不垮我的,将使我更加坚强。"反而使他发展出积极乐观的人生哲学。

弗兰克尔将他在集中营的经历写成了一本书,名为《活出意义:从集中营到存在主义》。在书中,他说:**"在任何特定的环境里,无论这个环境多么糟糕、压力多么大,让人感到不自由,我们人类都永远拥有最后一个自由,那就是选择自己态度的自由。"**

在生不如死,欲死而不能,却要苟延残喘地活命的集中营里,弗兰克尔选择了积极乐观的态度。这种积极乐观的态度究竟从何而来?

幸福感的两个来源:
享乐与良好生活

诺奖获得者、心理学家卡尼曼让人们对当下正在进行的活动的愉悦感进行打分,他发现,"一个人看电视"被列入了最让人感到快乐的事情之一。如果这个研究放在现在来做,想必"一个人玩手机"会取代"一个人看电视"成为最让人感到快乐的事情之一。

与此相对的是,"照顾孩子"的愉悦感得分则接近谷底,成为最不让人感到快乐的事情之一。显然，与孩子相处很不快乐——小孩子不仅会哭会闹，还会捣乱闯祸，并且拒绝任何管教。而一个人看电视则又轻松又愉悦，无人打扰，想看啥看啥。

有趣的是，卡尼曼让这些人把时间尺度拉大，问他们："人生中最让你感到幸福的事情是什么？"没有人把"一个人看电视"作为这道题的答案；相反，"照顾孩子"却成为很多人的选项，因为每当回忆起与孩子在一起的时光，孩子的调皮捣蛋会变成温馨亲情。

事实上，**当我们回忆那些让我们感到幸福的事情时，想起的恰好是在进行过程中给我们带来困惑与痛苦的事情。**

亚里士多德将幸福的来源分成两类：一类被称为享乐（Hedonia），即通过即时的感官满足来获取幸福感；而另外一类则被称为良好生活（Eudaimonia），即通过参加既能实现自身潜能又能给生活带来意义的活动来获取幸福。前者是快乐导向，如"一个人看电视"；后者是意义导向，如"照顾孩子"。

享乐和良好生活是幸福的两个必不可少的组成成分，各有各的功能。享乐帮助我们活在当下，获得最直接的满足。它既不沉溺过去，也不忧虑未来，它只属于现在。

而意义导向的幸福会让我们克服前进过程中的艰辛与困

苦，不断地走出当下的舒适区，去面对未知，去接受挑战，一点一滴构成了我们的故事——爱过的人，走过的路，追逐过的梦想以及获得过的成就，最终也定义了我们。

不同的人对这两种幸福有不同的偏好。卡尼曼提出了一个假想情景来测试人们的偏好。

> **EXPERIMENT**
>
> **假想情景实验**
>
> 想象你即将开始一段旅程，那是个美丽的地方，你知道自己会享受在那里的时光。但旅行回来，你在那里拍下的所有照片、影像都会被立即销毁，同时你还必须吞下一颗让你遗忘这段旅程的药。若是如此，你还会选择去吗？
>
> 选择"会去"的人更重视当下的幸福，即享乐；而选择"不去"的人则更关注幸福的意义导向。

虽然享乐与良好生活的两种幸福取向并没有孰优孰劣，但是大量的研究表明，相比那些及时行乐的人，追求意义的人通常会体验到更高的幸福感。

这是因为享乐往往只能满足当下即时的感觉需求，而不能持续地提升幸福感；而意义导向会产生更积极的学习行为、更温暖的人际行为以及更良好的情绪管理与调节能力，从而有助于累积更多的提高心理健康与幸福感水平的心理资本。更重要的是，它让我们在面对困苦时，还能依然坚韧。

曾有记者向心理学家荣格提问幸福的基本要素，荣格除了提到身心健康、人际关系等众所周知的常识外，还特别强调，幸福感还来源于"具有能够成功地应对世事变迁的哲学或宗教的视角"。

意义，或者说使命，就是这种能够使我们无论"居庙堂之高"还是"处江湖之远"，都能感受到直接而又真实幸福的视角。

弗兰克尔认为，寻求生活的意义，是生命中原始的力量，也是人之所以为人最独特的部分。人可以为理想与价值而活，也可以为理想与价值而死。所以，**人只要了解为何而活，便能承受住任何煎熬，因为无论所处处境如何艰难，都有自由选择的空间。**

那么，如何寻找生活的意义从而获得幸福？

行动：生命、自由和追求幸福

为什么我们时常感到不幸福？我们不妨来做一个价值拍卖游戏。假设你现在有一百万元，你会购买什么对你而言重要的东西？

显然，你不能什么东西都要，因为你只有一百万，所以你只能用更多的钱购买你更看重的东西。

例如，绝对多数人都认为健康非常重要，一般会花 20 万以上购买健康。类似的，你可以列一个清单，例如，除了健康之外，你会花多少钱去购买友谊，花多少钱购买一个温馨的家庭，花多少钱购买事业上的成功等等。

换言之，通过这个清单，你明确了友谊、家庭、健康、事业等在你心目中的相对价值。

更重要的是，这一百万是一个隐喻，它对应着我们每天除去睡觉 8 小时之外的 16 个小时。

我们愿意用 20 万元购买健康，可是在现实生活中，我们真的花了 3.2 个小时在健康上么？我们不妨想一想，上一次锻炼究竟是什么时候了？

相反，相当一部分人会认为事业上的成就不重要，只会用不到 10 万元来购买事业上的成功；但是在现实生活中，我们却不停地工作，没日没夜，没有周末。

所以，在现实中所花的时间与内心追求的价值是完全冲突的。

这就是我们不快乐的原因——**在我们认为最有价值，最能带来幸福的事情上，我们非常吝啬时间的支出；而在那些很少给我们带来幸福的有价值的事情上，我们花的时间却多很多。**

为什么我们不在我们认为有价值的事情上花时间？原因可能有很多：可能是因为身体现在还不错，可能是因为总觉得还有时间和家人联结等等。这些原因的背后，其实是我们的幻想——幻想幸福能从天而降，自己来敲门。

在美国《独立宣言》的开篇提到人有三个权利是不言而喻，不证自明的，那就是"生命、自由和追求幸福"。

生命是父母给予的，自由是政府给予的。这两种权利都是与生俱来的，不需要自己做任何事情。

但是，幸福不一样——在幸福的前面是一个动词，"追求"。幸福不是我们的权利，也不会从天上掉下来，我们只是拥有了追求幸福的权利。**不行动，无幸福。**

但是，有行动就一定会有失败，而且失败是一种常态。所以，正因为我们对行动产生的后果的不确定充满担心和恐惧，因此我们习惯于想尽一切办法去避免行动，哪怕这样做会牺牲我们的幸福。

这个时候，我们需要勇敢；而所谓勇敢，并不是说无所畏惧，百折不挠，越败越勇。

有一位大师总感叹徒弟们不够勇敢，于是他终于等来了给徒弟们上"什么是勇敢"的一课的机会。

有一天突发大地震，徒弟们都仓皇失措到处跑来跑去，大师则静坐不动，慢慢喝着水，悠然自在。地震过后，他开始训斥徒弟："你们太不成气候了！刚才大地震时，你们乱成一团，吓得东奔西跑，只有我一个人独坐不动，还若无其事地喝水。你们有谁看到我握杯子的手在发抖的？"

一个弟子回答道："老师，您的手或许真的没有发抖，但是您拿的不是一杯水，而是一瓶墨汁。您刚才喝的也不是水，而是墨汁。"

泰然自若并非真勇敢，真勇敢是带着害怕前行。学会接纳失败，明白失望、烦乱、悲伤，它们本身就是人生的一部分。

所以，要允许自己偶尔有失落，偶尔有软弱，把它们当成正常的状态。但重要的是，**在承认自己软弱、承认自己悲伤的同时，也要问问自己，我究竟还能做些什么事情，让自己感受好一些，这就是勇敢。**

行动，是获得幸福的唯一方法。

均衡的生活：
平衡当下的享乐与未来的意义

让我们想象一个像雨伞结构一样的家——上面有一个屋顶，中间只有一根支撑这个屋顶的柱子。这根柱子就是我们认为最能给我们带来幸福的意义和使命的东西。

在现实生活中，这根柱子可以是恋人眼中的情感，可以是父母眼中的孩子，可以是科学家眼中的科研工作，可以是企业家眼中的增长与盈利等等。

在情感上，我们被告知要专一；在工作上，我们被告知要"力出一孔，其国无敌"，也就是说要把所有的精力与时间投入到这根柱子上。

可是，一旦伴侣移情别恋，孩子厌学抑郁，科研方向失误或者企业发展受挫，这根柱子就断了，于是整个生活就坍塌了。

当我们把所有的幸福，都寄托在意义和使命上时，我们就从追求幸福变成了盲目地追求意义；甚至被他人或社会定义的意义和价值所裹胁，人在当下，心却被未来煎熬。

甚至，可能为了意义和价值，不惜以牺牲自己的健康、他人的利益或者自己与他人的联结来换取。

同时，因为太在乎意义，而忽略了过程的价值，甚至用不完美的结果去否认过程中的奋斗与享受，最后忽略了自己此时此刻拥有的幸福，直到失去才后悔莫及。

所以，在一个健康的幸福的体系里，更重要的是拥有均衡的生活。

让我们想象另外一种房子——除了中间有根柱子之外，房子的四个角还有四根小柱子。当中间的大柱子发生问题时，这个房子不会坍塌，因为还有四个角的小柱子支撑屋顶，于是我们还有时间和机会修补受损的大柱子。

中间这根大柱子，是我们的核心价值和使命，代表了我们认为最有价值和最有意义的事情——它可以是工作，是爱人，是孩子等等。而四个角的小柱子，则是我们的朋友、我们的摄影、我们的家庭、我们的旅游，等等。

所以，在追求意义的同时，我们也不妨有意识、有计划地给自己一些纯粹的享乐时段。此外，不要让朋友长时间停留在电话通讯簿和微信里——友情、爱好，也需要时时温养，否则房子中间的大柱子断掉的时候,你才发现四个角的小柱子早就腐朽不堪。

所以,不要把全部时间都给予你认为最有意义的事情,幸福的来源多式多样,持久的幸福需要均衡的生活。

感恩:送人玫瑰,手留余香

有一种说法:成功不仅仅需要贵人相助,还得有小人挡道。因为挡道是最好的监督,于是"小人"就成为成长路上最好的助力。这个视角转变的背后是感恩。

感恩就意味着,不要把家人、朋友、工作、健康、教育等一切幸福的来源都当作理所当然,而要把它们当作回味无穷的礼物,学会感谢这些给予礼物的人。**当保有感恩的心的时候,我们才会真实地感受到这个世界繁花似锦——贵人在帮我,小人也在帮我。**

心怀感恩,也要体现在行动上。在每天睡觉前,可以非常简短地写上两三件让你感到快乐的事情。这些事情可以非常的小,例如,在路边看见一只可爱的小猫,今天的公交车准时到了,今天中午的饭菜很可口。不用长篇大论地展开思绪,讨论这些开心的事背后的意义,只是简单地写完这几句话，就关灯睡觉。很快，就会有一个放松而又深沉的睡眠。

短短的一段小而确定的快乐，不仅让我们在写下时因为回想起这些瞬间而开心，还会让我们更加留意生活中看似微不足道但是美好的事物。于是，我们会发现，我们比自己想象中的要幸运很多，因为我们的幸福，就是由这些细微的欢乐串联而成。

塞利格曼教授通过研究发现，这个方法不仅可以帮助我们提升日常的幸福感，还可以一定程度上减轻抑郁症的程度。

感恩之外，更要行动；送人玫瑰，手留余香。在工作时帮同事做点小事，在公交车上给需要的人让一个座等等，都能提升我们的幸福感。这是因为帮助他人、改善他人的困境能让助人者感受到生活的意义，而意义则带来了幸福感。所以，利他行为能让我们更幸福。

与利他相比，更好的是学会自己珍爱自己，帮助自己。帮助自己，同时也是在间接地帮助他人。当自己过上了幸福的生活，家人、朋友甚至陌生人也会从中受益。因为人与人之间是情感的联结，我们的快乐，会通过这个情感联结而传递到其他人身上。

结语：
幸福乃追求幸福之目的

大文豪伏尔泰说："如果我和周围人一样蠢，我一定会幸福的。"但是，幸福的傻瓜并非真正的幸福之人，因为他的幸福感是建立在错觉和非理性之上。

事实上，没有意义的积极情绪会使身体免疫系统处于高激活状态。短期而言，这有助于对抗细菌的感染；但是长期处于高激活状态，即炎性反应状态，会使得身体患心脏病和癌症的风险极大地提高。所以，真实和理性才是幸福牢固的基础，也是我们追求的目标。

亚里士多德意识到幸福的与众不同。他说，我们为了物质享受而追求金钱，为了得到尊敬而追求权力。但是幸福却与众不同，因为**"幸福乃追求幸福之目的"**，即我们为幸福而追求幸福，因为幸福是人类存在的目标和终点。

现代经济学创始人亚当·斯密进一步阐述：人类有很多差异难以跨越，比如贫穷和富有、青春和年迈、才华与愚钝，等等。所以，**"生而平等"**更多指的是人人都享有追求**幸福的权利**，因为幸福是一种非排他性的公共品，一个人的幸福加倍并不意味着另一个人的幸福减半。

人有贫富贵贱，幸福并无优劣之分。

弗兰克尔在《人类对意义的追寻》一书中，讲述了一个他在纳粹集中营里的故事：有一次他想到了他那下落不明、生死不知的新婚妻子。正当他愁肠百结、万念俱灰时，他突然领悟到：虽然他不知道妻子的下落，但是她始终"存在"于他心中。

他顿悟道："**人类可以经由爱而得到救赎。我意识到一个在这个世界上一无所有的人，仍有可能在冥想他所爱的人时尝到幸福的感觉，即使是极短暂的一刹那。**"

● 本章结语
超越自我

在希伯来文中，工作与奴隶来自同一个词根。所以，在管理者眼里，人类本性懒惰，厌恶工作，尽可能逃避责任，只能依靠鞭打等强制手段或者金钱等物质刺激让他们为达到目标而努力。"多劳多得，少劳少得，不劳不得"便是这个理念在现代企业的实践与应用。

但是，除了生理的需求（金钱的刺激）和安全的需求（逃避惩罚），人类还有更多的需求需要满足和实现。人们愿意对工作负责，因为这是他们实现潜能的机会；人们喜欢挑战，因为挑战所需要的想象力和创造力是人类有别于动物最宝贵的特质。潜能和创造力的充分实现，是为满足自尊和自我实现的需要。

而自尊则是人性的终极奥义和最后防线。自尊等于成功与期望之比，所以高自尊或来自高成就，或来自低期望，或者两者兼有。成功的基石是由一系列胜利而产生的自信,而低期望则来自理性平和,放慢脚步。

人本主义心理学家马斯洛说:"人性所必需的是,当我们的物质需要得到满足之后,我们就会沿着归属需要(如群体归属、友爱、手足之情)、爱情与亲情的需要、取得成就带来尊严与自尊的需要,直到自我实现以及形成并表达我们独一无二的个性的需要这一阶梯上升。而再往上就是超越性需要(即存在性需要)。"

人类的文明,便是在每个个体不断超越自我的奋争中,存在并传承着。

参考书:

10 **自尊**:班杜拉,《社会学习理论》
11 **自信**:德韦克,《终身成长》
12 **理性平和**:阿德勒,《自卑与超越》
13 **追求幸福**:弗兰克尔,《活出意义:从集中营到存在主义》

跋 *POSTSCRIPT*

2017年年底,"得到APP"的罗振宇老师找到我,希望我能在"得到APP"开设一门关于心理学基础知识的大师课——因为纵观国内的心理学图书和课程市场,面向大众的系统和全面介绍心理学的课程或书籍较少——要么是类似《心理学与生活》这样的教科书,要么是类似《自控力》这样的面向一个专题的大众读物。此外,国外的心理学大众书籍多由大学教授撰写,而国内的作者少有经过心理学的专业训练。

这并不是因为国人对心理学的忽视。第一批睁眼看世界的近代中国人,把心理学作为旧中国革新自强的思想武器。在他们的眼中,因为心理学科学地阐明了意识和行动之间的关系,所以是修身养性、砥砺革命意志、移风易俗、治国救民的重要学问。

中国第一个留美学者容闳1847年就在美国学习了心理学科目;中国新文化运动先驱蔡元培曾聆听科学心理学创始人冯特讲课,并系统学习了心理学的实验方法。

我国第一所大学——京师大学堂在创办之初颁布了《钦定学堂章程》，设立"心理学"为通习科目，并规定第一年通习心理学，第二年通习应用心理学。中华民国的缔造者孙中山更是将"心理建设"置于《建国方略》首位，指出："国家政治者，一人群心理之现象也。是以建国之基，当发端于心理。"

但是，穷国是没有心理学生长的土壤的。物资的匮乏，让人们把更多的注意力放在了温饱上。

什么是幸福？吃饱饭穿暖衣就是幸福。我在1990年进入北京大学心理学系学习时，中国大陆只有北京大学、北京师范大学、华东师范大学、华南师范大学和杭州大学设有心理学系。而此时，美国有近1500所大学开设了心理学专业，毕业生人数仅次于商科，在所有学科中排第二。

改革开放40年，我国经济的增长速度创造了人类有文字记录以来的最快增长纪录，2017年的GDP是1978年的62.9倍；而同一时期，美国的GDP只增长了8.2倍，日本只增长了4.4倍。

自此，我国的主要矛盾，从"人民日益增长的物质文化需要同落后的社会生产之间的矛盾"，转变为"人民日益增长的美好生活需要和不平衡不充分的发展之间的矛盾"。

美好的生活，必然是物质和精神的双富足，而这不平衡不充分的原因之一，就是心理学知识的缺乏。

于是，根据我在麻省理工学院聆听平克教授的《心理学101》和在哈佛大学聆听吉尔伯特教授的《心理学与生活》，以及我在国科大、北师大等高校向全校学生讲授《普通心理学》等课程的经验，更融入我近30年来对心理学和脑科学研究的心得，我在"得到APP"上开设了《心理学基础30讲》，深受听众好评。

但是，因为时间仓促，很多内容都没有展开。于是，我决定认真写一套面向大众的，系统介绍心理学的专业但通俗的读物。

根据规划，这套书包括三册：

第一册是理论篇，讲述心理学的三大难题与四大假设。它们是心理学的基石，同时也是从精神世界来观察这个物理世界的**世界观**。

第二册是自我篇，也就是这本书。它试图从心理学的角度回答"我是谁"这个悠久的哲学问题，并给出构建完美心理世界的方法，由此构建**人生观**。

第三册是社会篇，试图从恋爱、婚姻、社会的角度，阐明人与人、人与社会的关系，并寻找生命的价值与文明的传承，对应我们的**价值观**。

写作第二册，我花费了一年半的时间。下一步准备写作第三册，最后才是第一册。希望这两册能尽快完成，不要成为有生之年系列。

因为平时工作繁忙，所以每到节假日的时候，便是我快乐写作的时候。这个写作的过程，不仅让我静下心来，系统回顾和梳理我近30年来对心理学的所学所感所悟，更重要的是，它治愈了我自己。

我们常说："今年是过去十年最糟糕的一年，但也是将来十年最好的一年。"物质缺乏，精神困顿，生活不易，当下的每一年都是最艰难的一年。但是曾经被我遗忘的心理学知识在写作过程中又变得鲜活起来，让我从不完美的物理世界中，构建出了完美的心理世界。

我希望你通过阅读此书，也能有此收获。

图书在版编目（CIP）数据

心理学通识 / 刘嘉著. -- 广州：广东人民出版社，2020.6（2023.5重印）

ISBN 978-7-218-14187-9

Ⅰ.①心… Ⅱ.①刘… Ⅲ.①心理学 – 通俗读物 Ⅳ.①B84-49

中国版本图书馆CIP数据核字(2020)第020970号

XIN LI XUE TONG SHI
心理学通识

刘嘉 著

版权所有　翻印必究

出 版 人：	肖风华
责任编辑：	严耀峰　马妮璐
责任技编：	吴彦斌　周星奎
监　　制：	黄 利　万 夏
特约编辑：	马　松
营销支持：	曹莉丽
装帧设计：	紫图装帧
出版发行：	广东人民出版社
地　　址：	广东省广州市越秀区大沙头四马路10号（邮政编码：510199）
电　　话：	(020)85716809(总编室)
传　　真：	(020)83289585
网　　址：	http://www.gdpph.com
印　　刷：	艺堂印刷（天津）有限公司
开　　本：	880mm×1270mm　1/32
印　　张：	10.25　　　字　数：150千
版　　次：	2020年6月第1版
印　　次：	2023年5月第4次印刷
定　　价：	69.90元

如发现印装质量问题，影响阅读，请与出版社（020-85716849）联系调换。
售书热线：（020）85716833